对接世界技能大赛技术标准创新系列教材

技工院校一体化课程教学改革服装设计与制作专业教材

基础服装制版（一）

陈冬梅　主编

中国劳动社会保障出版社

worldskills China

内 容 简 介

本书紧紧围绕技工院校对服装设计与制作专业人才的培养目标，紧扣企业工作实际，介绍了半身裙、女裤等不同基础服装制版的有关知识。本书以国家职业标准和“服装设计与制作专业国家技能人才培养标准及一体化课程规范（试行）”为依据，以企业需要为导向，充分借鉴世界技能大赛的先进理念、技术标准和评价体系，促进服装设计与制作专业教学与世界先进标准接轨。本书采用一体化教学模式编写，穿插介绍了世界技能大赛的有关知识，并附有部分拓展性内容，便于教师开展教学。

本书由陈冬梅任主编，余嘉雯任副主编，陈义华参与编写，江少容任主审。

图书在版编目（CIP）数据

基础服装制版．—/陈冬梅主编．--北京：中国劳动社会保障出版社，2023
对接世界技能大赛技术标准创新系列教材
ISBN 978-7-5167-5253-1

Ⅰ．①基…　Ⅱ．①陈…　Ⅲ．①服装量裁-教材　Ⅳ．①TS941.631

中国国家版本馆CIP数据核字（2023）第114719号

中国劳动社会保障出版社出版发行
（北京市惠新东街1号　邮政编码：100029）

*

北京市艺辉印刷有限公司印刷装订　新华书店经销
787毫米×1092毫米　16开本　7.75印张　131千字
2023年7月第1版　2025年6月第3次印刷
定价：17.00元

营销中心电话：400-606-6496
出版社网址：http://www.class.com.cn
http://jg.class.com.cn

序

世界技能大赛由世界技能组织每两年举办一届，是迄今全球地位最高、规模最大、影响力最广的职业技能竞赛，被誉为“世界技能奥林匹克”。我国于 2010 年加入世界技能组织，先后参加了五届世界技能大赛，累计取得 36 金、29 银、20 铜和 58 个优胜奖的优异成绩。第 46 届世界技能大赛将在我国上海举办。2019 年 9 月，习近平总书记对我国选手在第 45 届世界技能大赛上取得佳绩作出重要指示，并强调，劳动者素质对一个国家、一个民族发展至关重要。技术工人队伍是支撑中国制造、中国创造的重要基础，对推动经济高质量发展具有重要作用。要健全技能人才培养、使用、评价、激励制度，大力发展技工教育，大规模开展职业技能培训，加快培养大批高素质劳动者和技术技能人才。要在全社会弘扬精益求精的工匠精神，激励广大青年走技能成才、技能报国之路。

为充分借鉴世界技能大赛先进理念、技术标准和评价体系，突出“高、精、尖、缺”导向，促进技工教育与世界先进标准接轨，完善我国技能人才培养模式，全面提升技能人才培养质量，人力资源社会保障部于 2019 年 4 月启动了世界技能大赛成果转化工作。根据成果转化工作方案，成立了由世界技能大赛中国集训基地、一体化课改学校，以及竞赛项目中国技术指导专家、企业专家、出版集团资深编辑组成的对接世界技能大赛技术标准深化专业课程改革工作小组，按照创新开发新专业、升级改造传统专业、深化一体化专业课程改革三种对接转化原则，以专业培养目标对接职业描述、专业课程对接世界技能标准、课程考核与评价对接评分方案等多种操作模式和路径，同时融入健康与安全、绿色与环保及可持续发展理念，开发与世界技能大赛项目对接的专业人才培养方案、教材及配套教学资源。首批对接 19 个世界技能大赛项目共 12 个专业的成果将于 2020—2021 年陆续出版，主要用于技工院校日常专业教学工作中，充分发挥世界技能大赛成果转化对技工院校技能人才的引领示范作用。在总结经验及调研的基础上选择新的对接项目，陆续启动第二批等世界技能大赛成果转化工作。

希望全国技工院校将对接世界技能大赛技术标准创新系列教材，作为深化专业课程建设、创新人才培养模式、提高人才培养质量的重要抓手，进一步推动教学改革，坚持高端引领，促进内涵发展，提升办学质量，为加快培养高水平的技能人才作出新的更大贡献！

2020 年 11 月

目录

学习任务一 半身裙制版

学习任务二 女裤制版

学习任务一

半身裙制版

学习目标

1. 能服从部门工作安排，准确理解半身裙等服装制版工作任务，运用恰当的沟通方法与设计师确认款式图结构的合理性。

2. 能根据款式图高效查阅相关技术资料，获取可将生产工艺单转换为样板的有效信息，合理制订制版计划。

3. 能根据国家标准《服装制图》（GB/T 29863—2013）、世赛标准和生产工艺单要求，选择合理的制版方法（平面制版或立体裁剪）并制作半身裙等服装的样板，确保臀腰差合理，做到起翘、困势与人体匹配。

4. 能完整记录样衣审核过程中的修改意见，并对半身裙等服装的样板进行修正，确保样板效果符合设计要求。

5. 能完成工业样板基准版制作，为样板标注属性信息（丝绺、产品名称、款号、号型规格、裁剪说明、样板名称、样片号、剪口等），属性信息全面、清晰、准确。能根据生产工艺单中成品规格、面料、款式等信息设定并规范标示推版数据。

6. 能按照企业技术要求，参与编写工艺说明书。

7. 在工作过程中，能严格遵守“8S”管理规定，与部门主管、设计师、推版人员沟通合作，养成严谨、认真、细致等良好的职业素养。

建议课时

34 课时。

学习任务描述

版师接到生产工艺单，领取材料并确认后，查阅相关资料，根据生产工艺单确定成品规格，设定样板尺寸，制作样板，并将其交给工艺师制作样衣。各部门相关人员（如设计师、销售经理、技术主管、生产主管等）对样衣效果进行审核。版师再根据各部门的反馈意见对样板进行修正，完成工业样板基准版制作并将其交付部门主管。部门主管审核合格后，版师以工业样板基准版为基础进行推版，并参与编写工艺说明书。

学习活动

1. 西服裙样板制作
2. 大摆裙样板制作
3. 育克褶裙样板制作

学习活动 1
西服裙样板制作

学习目标

1. 能严格遵守工作制度，服从工作安排，按要求准备好西服裙样板制作所需的工具、设备、材料与各项技术文件。

2. 能正确识读西服裙样板制作各项技术文件，明确西服裙样板制作的流程、方法和注意事项。

3. 能查阅相关技术资料，制订西服裙样板制作计划，并在教师的指导下，通过小组讨论做出决策。

4. 能依据世界技能大赛标准及相关技术文件要求，结合西服裙结构制图规范，独立完成西服裙样板制作、检查与复核工作。

5. 能对照世界技能大赛标准及相关技术文件，独立完成西服裙样衣的成品尺寸测量，并依据测量结果，将西服裙样板修改、调整到位。

6. 能记录西服裙样板制作过程中的疑难点，通过小组讨论、合作探究或在教师的指导下，提出较为合理的解决办法。

7. 能展示、评价西服裙样板制作各阶段成果，并根据评价结果做出相应的反馈。

一、学习准备

1. 服装打版一体化教室、打版桌、排料台、服装 CAD 打版系统、样板制作工具。

2. 安全生产操作规程、西服裙生产工艺单（见表 1-1）、西服裙样板制作相关学习材料。

3. 分成学习小组（每组 5 ~ 6 人，以英文大写字母编号），将分组信息填写在表 1-2 中。

表 1-1 西服裙生产工艺单

<table>
<tr><td>款式名称</td><td colspan="7">西服裙</td></tr>
<tr><td>款式图与款式说明</td><td colspan="4">开衩点
款式图</td><td colspan="3">款式说明：
1. 合体裙，腰部和臀围线之间为紧身设计，臀围线和裙摆之间为直筒设计
2. 装腰头，后腰钉纽扣，前后各收四个省，前片为整片，后中开片，上段装隐形拉链，下段开衩</td></tr>
<tr><td rowspan="2">成品规格</td><td>号型</td><td>裙长</td><td>腰围</td><td>臀围</td><td>臀高</td><td>衩长</td><td>腰宽</td></tr>
<tr><td>160/66A</td><td>60 cm</td><td>68 cm</td><td>92 cm</td><td>17 cm</td><td>20 cm</td><td>3 cm</td></tr>
<tr><td>制版工艺要求</td><td colspan="7">1. 样板设计充分考虑款式特征、面料特性和工艺要求
2. 样板结构合理，尺寸符合规格要求，对合部位长短一致
3. 结构图干净整洁，标注清晰规范
4. 辅助线、轮廓线界定清晰，线条平滑、圆顺、流畅
5. 样板类型齐全、数量准确、标注规范
6. 省、褶、剪口、钻孔等位置正确，标记齐全，放缝量、折边量符合要求
7. 样板轮廓光滑、顺畅，无毛刺
8. 结构图与样板校验无误</td></tr>
<tr><td>制作工艺要求</td><td colspan="7">1. 缝制采用 12 号机针，线迹密度为 12 ~ 14 针 /3 cm，线迹松紧适度
2. 尺寸规格达到要求，裙长、腰围误差小于 1 cm，臀围误差小于 1 cm，衩长误差小于 0.5 cm，腰宽误差小于 0.2 cm
3. 开衩门襟、里襟长短一致，平挺，直顺，不豁不搅，裙衩长短互差小于 0.2 cm
4. 腰头宽窄一致，无涟形，腰口不松开
5. 拉链平服，不外露
6. 面、里松紧适宜、不起吊
7. 熨烫平服，无烫焦、烫黄现象
8. 整洁、美观，无污渍、水花、线头</td></tr>
<tr><td>制作流程</td><td colspan="7">核对裁片→打线钉、粘衬、拷边→缉面、里省缝→烫省缝→归拔裙片→合面、里后中缝→做后开衩→绱拉链→缝合面、里侧缝→劈缝→缉里子底边→缉缝里子拉链→固定面、里侧缝、腰口→做腰头→绱腰头→拉线襻→钉挂钩→整烫→质量检验</td></tr>
<tr><td>备注</td><td colspan="7"></td></tr>
</table>

表 1-2　小组编号表

组号	组内成员及编号	组长姓名及编号	本人姓名及编号

二、学习过程

（一）明确工作任务、获取相关信息

1. 知识学习

服装样板按用途的不同可分为裁剪样板和工艺样板两大类，其中裁剪样板是指在批量裁剪过程中用于排料、划样等工序的样板，主要包括面料样板、里料样板和衬料样板；工艺样板是指在缝制和整烫过程中对衣片或半成品进行辅助加工的样板，主要包括修正样板、定位样板和定型样板。

为便于识别与交流，服装工业样板设计对样板的图线形式、制图符号和部位代号都有着统一、规范的要求，熟悉这些要求，对设计和识读样板有着非常重要的意义。服装样板的图线形式主要有粗实线、细实线、粗虚线、细虚线、点划线和双点划线等几种，具体见表 1-3。在制作服装样板时，同一图纸中，同类图线的宽窄应一致，虚线、点划线、双点划线的线段长短和间隔应各自相同，点划线、双点划线的两端应是线段而不是点。

表 1-3　图线的形式、宽度及用途　单位：cm

序号	图线名称	图线形式	图线宽度	图线用途
1	粗实线	————————	0.9 左右	1. 服装和零部件轮廓线 2. 部位轮廓线
2	细实线	————————	0.3 左右	1. 图样结构的基本线 2. 尺寸线和尺寸界线 3. 引出线
3	粗虚线	----------	0.9 左右	背面轮廓影示线
4	细虚线	----------	0.3 左右	缝纫明线
5	点划线	—·—·—·—·—	0.3 左右	对折线
6	双点划线	—··—··—··—	0.3 左右	折转线

小贴士

为了使结构图画面清晰明了，服装结构制图时经常采用部位代号制。部位代号，实际上就是该部位英文名称的首字母，例如，胸围的代号为“B”，腰围的代号为“W”，具体见表 1-4。

表 1-4　　服装结构制图部位代号表

序号	部位名称	代号	序号	部位名称	代号
1	袖窿	AH	23	前裆	FR
2	袖山	AT	24	前腰节长	FWL
3	胸围	B	25	臀围	H
4	后背宽	BBW	26	臀围线	HL
5	袖肥	BC	27	头围	HS
6	后中心线	BCL	28	股下长	IL
7	底领高	BH	29	膝盖线	KL
8	后衣长	BL	30	长度	L
9	胸围线	BL	31	中臀围线	MHL
10	颈后点	BNP	32	领围	N
11	胸点	BP	33	领围线	NL
12	后裆	BR	34	横肩宽	S
13	后腰节长	BWL	35	脚口	SB
14	上裆（股上）长	CD	36	裙摆	SH
15	上胸围线	CL	37	袖长	SL
16	袖口	CW	38	颈肩点	SNP
17	肘长	EL	39	肩端点	SP
18	肘线	EL	40	翻领宽	TCW
19	前胸宽	FBW	41	下胸围线	UBL
20	前中心线	FCL	42	腰围	W
21	前衣长	FL	43	腰围线	WL
22	颈前点	FNP			

世赛链接

裙子制版是世界技能大赛时装技术项目经常测试的内容。在第 45 届世界技能大赛时装技术项目国家集训队“五进一”选拔赛中，参赛选手要在规定的时间内完成一条有贴袋的短裙的制版和制作，制作成品如图 1–1 所示。

图 1–1　有贴袋的短裙

2. 学习检验

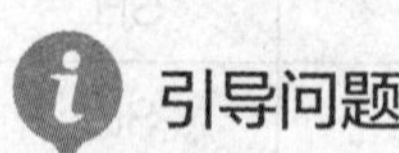

引导问题

（1）在教师的引导下，独立完成表 1–5 的填写。

表 1–5　学习任务与学习活动简要归纳表

本次学习任务的名称	
本次学习任务的内容	
本次学习任务的主要目标	
西服裙制版的工艺要求	

续表

西服裙制作的工艺要求	
你认为本次学习活动中，哪些目标的实现难度较大	

引导问题

（2）什么是服装样板？它在服装工业生产中有什么作用？

引导问题

（3）什么是服装样板设计？服装样板设计实施的方式有哪几种？

引导问题

（4）服装样板设计与通常所说的个体裁缝定制有什么区别？

查询与收集

（5）在服装样板设计中，制图符号有着固定的含义。通过网络浏览或资料查询，写出表 1-6 中常见制图符号的含义。

表 1-6　　制图符号表

序号	名称	制图符号	含义
1	距离线	|←——→|	
2	明线号	═══════ ═══════	

续表

序号	名称	制图符号	含义
3	等分线		
4	经向号（布纹线）		
5	顺向号（单向线）		
6	同寸号	□ ■ ○ ● △ ▲	
7	对位号（剪口）		
8	省道线（省）		
9	裥		
10	缩褶号		
11	钻孔号		
12	重叠号		
13	直角号		
14	剪开号		
15	否定号		
16	扣位（纽位）		
17	扣眼位		

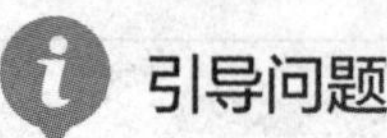

引导问题

（6）“工欲善其事，必先利其器。”要想把服装样板制作这项工作做得既快又好，适当的工具是必不可少的。服装样板制作的常用工具大致可以分为 4 种：纸、笔、尺和其他辅助工具，请写出图 1-2 中各工具的名称。

图 1–2　服装样板制作的常用工具

①__________　②__________　③__________　④__________

⑤__________　⑥__________　⑦__________　⑧__________

⑨__________　⑩__________　⑪__________　⑫__________

⑬__________　⑭__________

引导问题

（7）半身裙是重要的女式下装，具有款式丰富多变、造型美观、飘逸等风格特点。半身裙的种类有很多，可按不同方法划分。图 1-3 所示是按腰节所处位置分类的半身裙式样，图 1-4 所示是按外形特征分类的半身裙式样。请在图片下方空格处填写各类半身裙的名称。

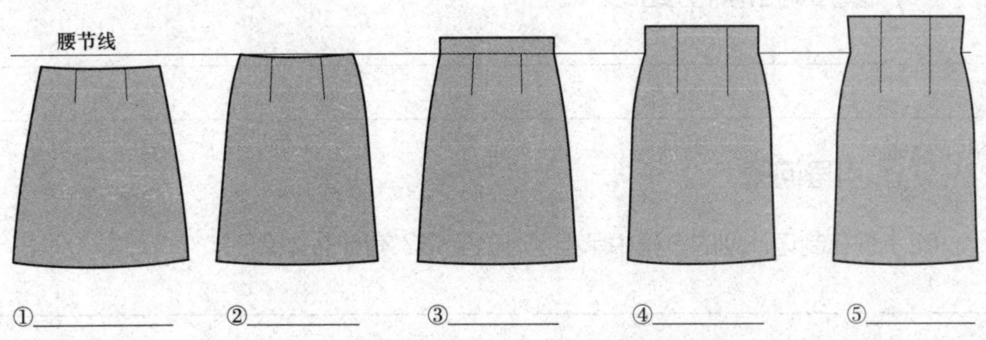

①__________　②__________　③__________　④__________　⑤__________

图 1–3　半身裙式样（按腰节所处位置分类）

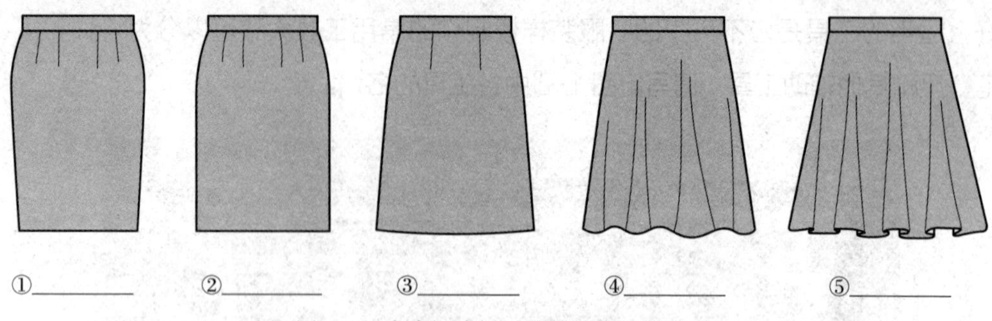

图 1-4 半身裙式样（按外形特征分类）

引导、评价、更正与完善

在教师讲评引导的基础上，对本阶段的学习活动成果进行自我评价和小组评价（100 分制），之后独立用红笔对本阶段引导问题的回答进行更正和完善。

项目	类别	分数	项目	类别	分数
个人自评分	关键能力		小组评分	关键能力	
	专业能力			专业能力	

（二）制订西服裙样板制作计划并决策

1. 知识学习

学习制订计划的基本方法、内容和注意事项。

计划制订参考意见：整个工作的内容和目标是什么？整个工作分几步实施？工作过程中要注意什么？小组成员之间应如何配合？出现问题应如何处理？

2. 学习检验

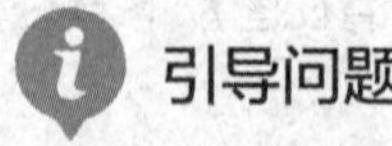

（1）请简要写出你们小组的计划。

____

____

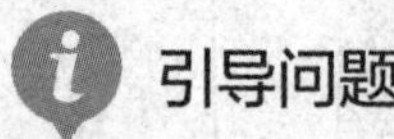

（2）你在制订计划的过程中承担了什么工作？有什么体会？

____

____

引导问题

（3）教师对小组的计划给出了什么修改建议？为什么？

引导问题

（4）你认为计划中哪些地方比较难实施？为什么？你有什么想法？

引导问题

（5）小组最终做出了什么决定？如何做出的？

引导、评价、更正与完善

在教师讲评引导的基础上，对本阶段的学习活动成果进行自我评价和小组评价（100 分制），之后独立用红笔对本阶段引导问题的回答进行更正和完善。

项目	类别	分数	项目	类别	分数
个人自评分	关键能力		小组评分	关键能力	
	专业能力			专业能力	

（三）西服裙样板制作与检验

1. 知识学习

世赛链接

世界技能大赛时装技术项目对选手的制版能力在以下方面有明确的要求：

1. 制版过程中的成本意识。

2. 与相关部门、人员沟通的能力（如针对结构、规格尺寸的合理性以及它们与设计意图的符合度等同设计师沟通的能力，针对样板与工艺细节同样衣师沟通的能力等）。

3. 对比例、线条分割的审美能力，以及对版型结构的时尚性及美观性的把控能力。

4. 制版过程中有序安排和规范操作制版工具的意识。

5. 制版过程中的环保意识。

6. 制版过程中发现并解决问题的能力和过程检验的能力。

7. 遵守制度、认真细致、守时高效、精益求精的工作习惯。

8. 安全生产意识。

9. 现场整理和规范保养设备的意识、“8S”管理规定意识。

2. 实践操作

 实践

（1）参照图 1-5 独立完成西服裙的 1 : 1 结构制图。

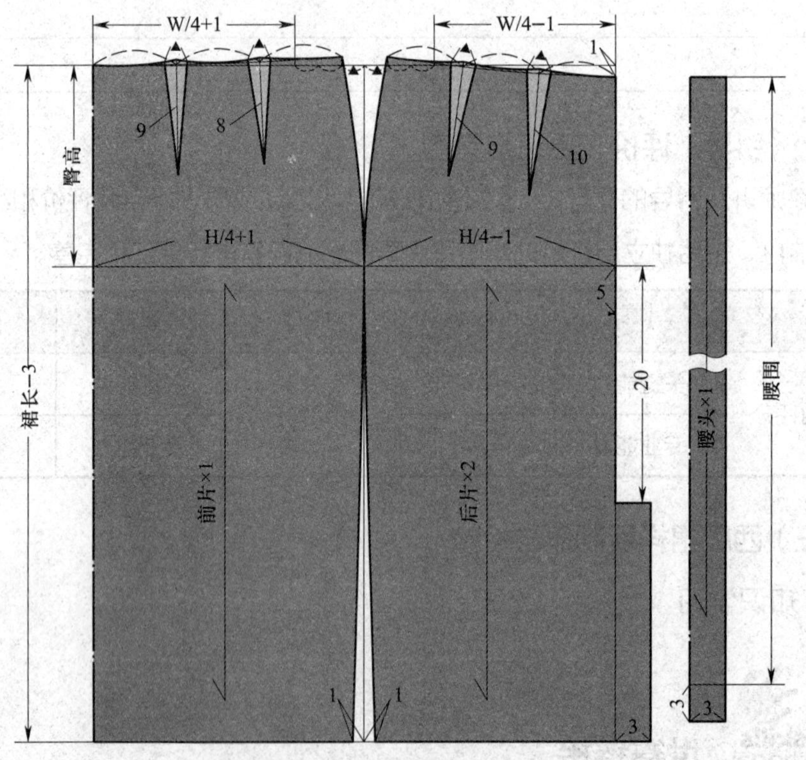

图 1-5　西服裙的结构图

 实践

（2）参照图 1-6、图 1-7，独立完成西服裙面料样板、里料样板的制作。

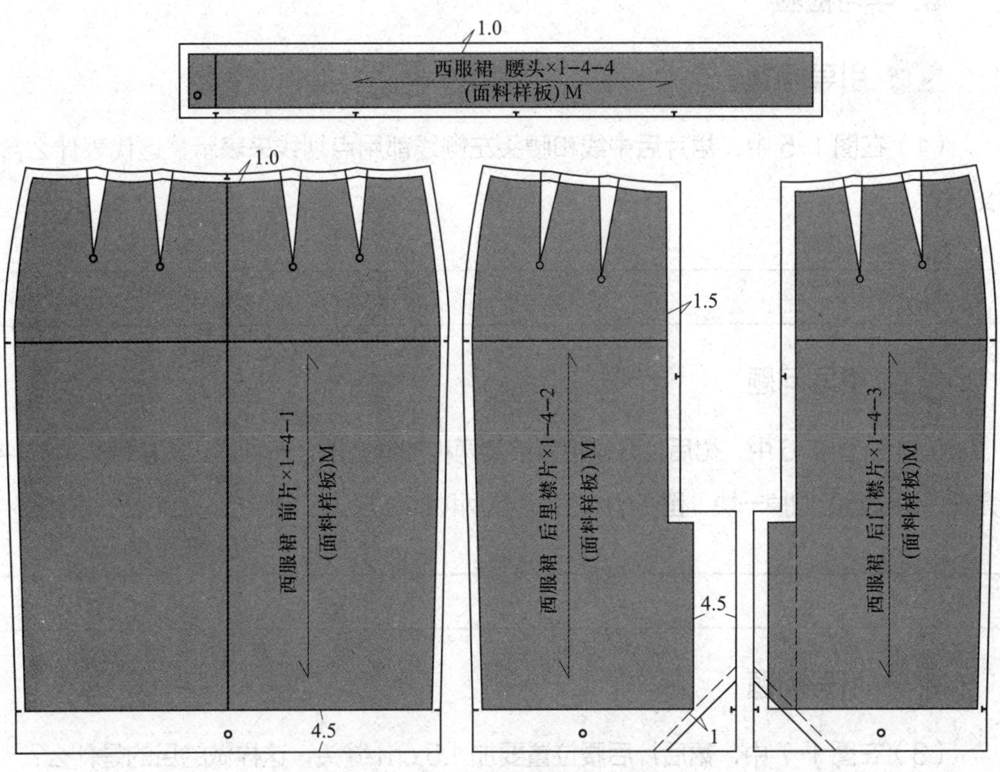

图 1−6　西服裙的面料样板

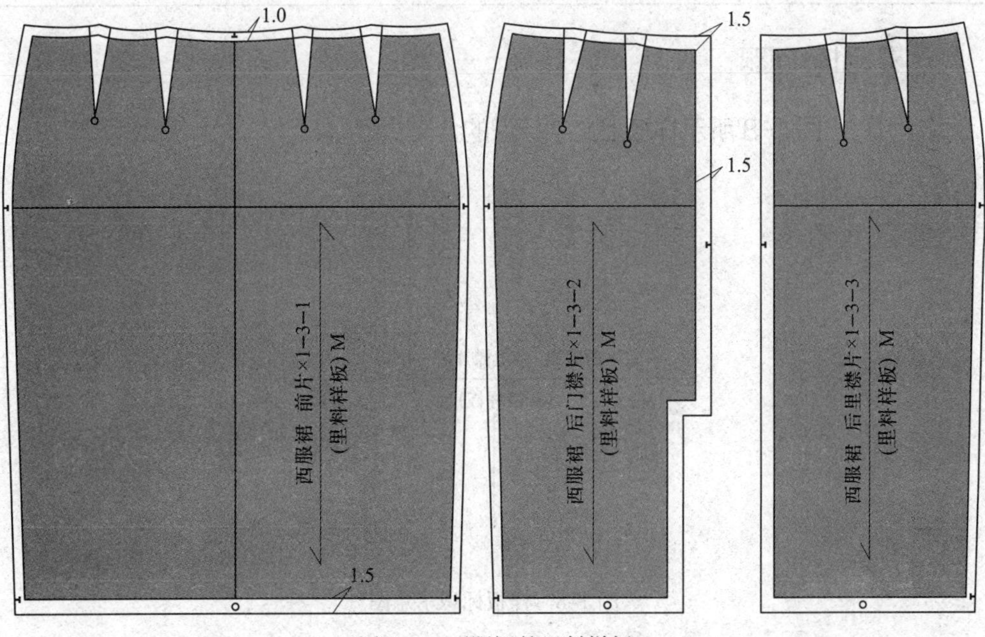

图 1−7　西服裙的里料样板

3. 学习检验

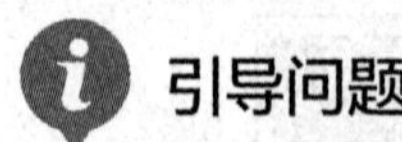

引导问题

（1）在图1-5 中，裙片后中线和腰头左侧线都用点划线来表示，这代表什么含义?

____

____

引导问题

（2）在图1-6 中，裙后片开衩位置涉及两种加缝方法：一种是正常加缝；另一种是在拐角位置剪切掉一块，留1 cm 缝头。这两种加缝方法在制作方式上有什么区别?

____

____

引导问题

（3）在图1-7 中，裙后片后腰位置要加1.5 cm 缝头，这样做的目的是什么?

____

____

引导问题

（4）写出图1-8 所示样板上文字标识的含义。

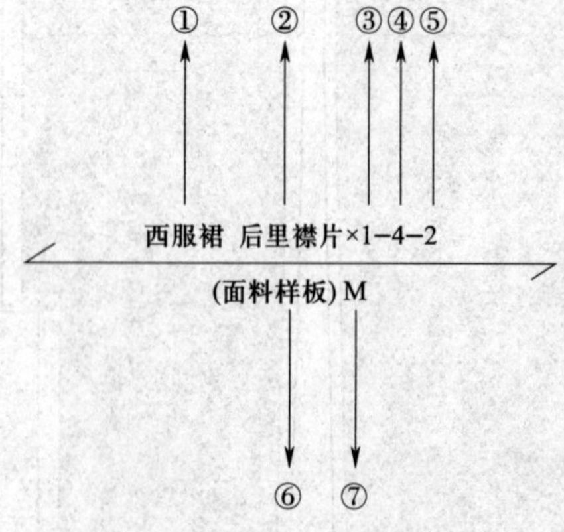

图 1-8　样板标识示意图

①__________ ②__________ ③__________ ④__________

⑤__________ ⑥__________ ⑦__________

引导问题

（5）在图 1-6 中，面料样板的前片、后片在腰部位置收省，在图 1-7 中，里料样板的前片、后片在腰部位置捏裥，这样做的目的是什么？ 以这种方式处理样板，在样衣缝制时应如何处理省、裥的倒向？

____

____

____

____

引导问题

（6）在教师的指导下，对照表 1-7，独立完成西服裙样衣的成品尺寸测量，并将测量结果填写在表 1-7 中，然后对照测量结果，将结构图和基础样板调整到位。

表 1-7　　西服裙样衣成品尺寸测量记录表　　单位：cm

号型	部位	裙长	腰围	臀围	臀高	衩长	腰宽
160/66A	成品规格	60	68	92	17	20	3
	测量尺寸						

引导问题

（7）在全面核查的基础上，对西服裙的样板进行分类整理，并填写表 1-8。

表 1-8　　基础样板数量汇总表

名称	裁剪样板			工艺样板		
	面料样板	里料样板	衬料样板	修正样板	定位样板	定型样板
数量						

引导、评价、更正与完善

在教师讲评引导的基础上，对本阶段的学习活动成果进行自我评价和小组评价（100 分制），之后独立用红笔对本阶段引导问题的回答进行更正和完善。

项目	类别	分数	项目	类别	分数
个人自评分	关键能力		小组评分	关键能力	
	专业能力			专业能力	

（四）成果展示与评价反馈

1. 知识学习

学习展示的基本方法、评价的标准和方法。

世赛链接

第 45 届世界技能大赛时装技术项目国家集训队“五进一”选拔赛对样板制作的具体要求如下：

1. 线条美观圆顺，符合人体体型特征，版型美观。

2. 各部位规格尺寸符合要求。

3. 样板上丝绺（展示全长）、产品名称、国家代号、工号、号型规格、裁剪说明、样板名称、样片号、剪口等属性标注准确，全部用水笔标注。

4. 各部位拼缝圆顺、设计合理。

5. 结构比例、线条分割合理。

6. 样板准确表达生产信息。

2. 技能训练

在教师的指导下，以小组为单位，展示已完成的西服裙样板成品。

3. 学习检验

 引导问题

（1）样板制作完成后，要对样板的质量进行检验，检验项目如下：

① 裁片的规格尺寸是否准确无误。

② 各部位的线条是否圆顺、流畅，相关结构线的大小、形状是否吻合。

③ 样板上的标记是否有错漏，丝绺标记是否有遗缺，文字说明是否准确。

④ 样板的数量（片数）是否正确，各种部件是否齐全。

⑤ 样板的整体结构、各部位的比例关系是否符合款式要求。

引导问题

（2）在教师的指导下，在小组内进行作品展示，然后经小组讨论，推选出一组最佳作品，进行全班展示与评价，并由组长简要介绍推选的理由，小组其他成员做

补充并记录。

小组最佳作品制作人：____________________

推选理由：____

____

其他小组评价意见：____

____

教师评价意见：____

____

____

引导问题

（3）将本次学习活动中出现的问题及其产生的原因和解决的办法填写在表 1-9 中。

表 1-9　　问题分析表

出现的问题	产生的原因	解决的办法

自我评价

（4）将本次学习活动中自己最满意的地方和最不满意的地方各写两点，并简要说明原因。

最满意的地方：____

最不满意的地方：____

引导问题

（5）请同学们在教师的指导下，对本次学习活动进行综合评价，将相应的分值填在表 1-10 中。

表 1–10　　学习活动考核评价表

学习活动名称：西服裙样板制作

班级：　　学号：　　姓名：　　指导教师：

评价项目	评价标准	评价依据	评价方式			权重	得分小计	总分
			自我评价	小组评价	教师评价			
			10%	20%	70%			
关键能力	1. 能穿戴劳保用品，执行安全生产操作规程 2. 能参与小组讨论，进行相互交流与评价 3. 能积极主动、勤学好问 4. 能清晰、准确表达 5. 能清扫场地，清理工作台，归置物品	1. 课堂表现 2. 工作页填写				40%		
专业能力	1. 能设定西服裙制版规格 2. 能制订西服裙样板制作计划，准备相关制图工具与材料，完成西服裙结构制图 3. 能正确拷贝轮廓线，依据西服裙款式特点和制作工艺要求，准确放缝，制作全套样板 4. 能按照样板制作技术规范，完成样板编号、标注、打孔、分类等工作 5. 能记录西服裙样板制作过程中的疑难点，并在教师的指导下，通过小组讨论或独立思考、实践解决	1. 课堂表现 2. 工作页填写 3. 提交的西服裙结构图 4. 提交的西服裙样板				60%		
指导教师综合评价	指导教师签名：　　日期：							

三、学习拓展

说明：本阶段学习拓展建议课时为 2 ~ 4 课时，要求学生在课后独立完成。教师可根据本校的教学需要和学生的实际情况，选择部分或全部内容进行实践，也可另行选择相关拓展内容，亦可不实施本学习拓展，将其所需课时用于学习过程阶段实践内容的强化。

拓展 1

请独立完成图 1-9 所示育克褶裙的结构制图和样板制作，其成品规格见表 1-11。

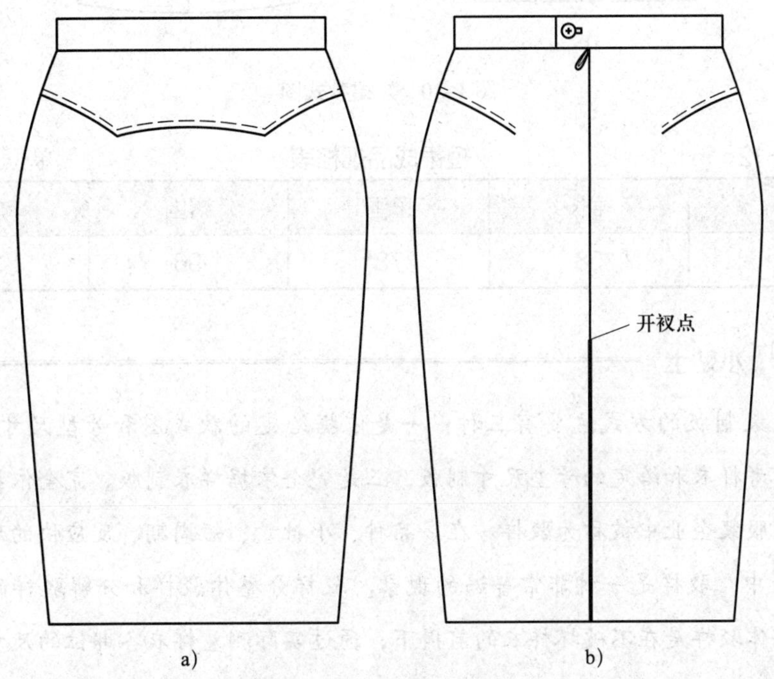

图 1-9　育克褶裙款式图

表 1-11　育克褶裙成品规格表　单位：cm

尺码	裙长	腰围	臀围	臀高
M	60	66	90	17

拓展 2

请独立完成图 1-10 所示短裙的结构制图和样板制作，其成品规格见表 1-12。

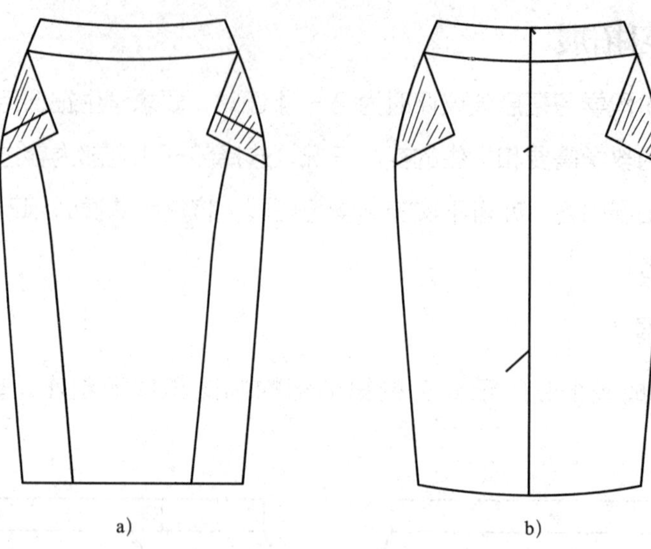
a)　　　　　　　　b)

图 1-10　短裙款式图

表 1-12　　　　　　短裙成品规格表　　　　　　单位：cm

尺码	裙长	腰围	臀围	臀高
M	58	73	96	20

小贴士

服装制版的方式主要有三种：一是依据给定的款式图和号型尺寸制版，二是参考样衣和给定的号型尺寸制版，三是完全依据样衣制版。完全依据样衣制版在服装企业中被称为驳样。在多品种、小批量、短周期、反应快的现代服装生产中，驳样是一种非常普遍的现象。驳样分整体驳样和分解驳样两种方式，整体驳样是在不破坏样衣的前提下，通过实际测量样衣各部位的尺寸，依据尺寸制版的方式；分解驳样是将样衣拆开，将拆解下来的每一块裁片熨平，再将裁片放在制版纸上，直接拷贝裁片外轮廓制版的方式。

拓展 3

挑选 2 ~ 3 件西服裙成品，在教师的指导下，用整体驳样的方式，完成所选西服裙款式图、结构图的绘制和样板的制作与检验。

拓展 4

调研今年流行的裙装式样，分析其款式特点、结构设计的方法并记录下来。

学习活动 2
大摆裙样板制作

学习目标

1. 能严格遵守工作制度，服从工作安排，按要求准备好大摆裙样板制作所需的工具、设备、材料与各项技术文件。

2. 能正确识读大摆裙样板制作各项技术文件，明确大摆裙样板制作的流程、方法和注意事项。

3. 能查阅相关技术资料，制订大摆裙样板制作计划，并在教师的指导下，通过小组讨论做出决策。

4. 能依据世界技能大赛标准及相关技术文件要求，结合大摆裙结构制图规范，独立完成大摆裙样板制作、检查与复核工作。

5. 能对照世界技能大赛标准及相关技术文件，独立完成大摆裙样衣的成品尺寸测量，并依据测量结果，将大摆裙样板修改、调整到位。

6. 能记录大摆裙样板制作过程中的疑难点，通过小组讨论、合作探究或在教师的指导下，提出较为合理的解决办法。

7. 能展示、评价大摆裙样板制作阶段成果，并根据评价结果，做出相应的反馈。

一、学习准备

1. 服装打版一体化教室、打版桌、排料台、服装 CAD 打版系统、样板制作工具。

2. 安全生产操作规程、大摆裙生产工艺单（见表 1-13）、大摆裙样板制作相关学习材料。

3. 分成学习小组（每组 5 ~ 6 人，以英文大写字母编号），将分组信息填写在表 1-14 中。

表 1–13　　大摆裙生产工艺单

<table>
<tr><td>款式名称</td><td colspan="5">大摆裙</td></tr>
<tr><td>款式图与款式说明</td><td colspan="3">款式图</td><td colspan="2">款式说明：
1. 非合体裙，裙身腰部以下呈自然波浪状
2. 裙腰为装腰型直腰，前后腰口无裥无省，裙片分为前后两片，裙摆宽大，右侧缝上端装拉链</td></tr>
<tr><td rowspan="2">成品规格</td><td>号型</td><td>裙长</td><td>腰围</td><td>控制角度</td><td>腰宽</td></tr>
<tr><td>160/66A</td><td>70 cm</td><td>68 cm</td><td>180°</td><td>3 cm</td></tr>
<tr><td>制版工艺要求</td><td colspan="5">1. 样板设计充分考虑款式特征、面料特性和工艺要求
2. 样板结构合理，尺寸符合规格要求，对合部位长短一致
3. 结构图干净整洁，标注清晰规范
4. 辅助线、轮廓线界定清晰，线条平滑、圆顺、流畅
5. 样板类型齐全、数量准确、标注规范
6. 省、褶、剪口、钻孔等位置正确，标记齐全，放缝量、折边量符合要求
7. 样板轮廓光滑、顺畅，无毛刺
8. 结构图与样板校验无误</td></tr>
<tr><td>工艺要求</td><td colspan="5">1. 缝制采用 11 号机针，线迹密度为 12 ~ 14 针 /3 cm，线迹松紧适度
2. 尺寸规格达到要求，裙长误差小于 1 cm，腰围误差小于 0.5 cm
3. 裙摆平直圆顺，不起绺
4. 腰头宽窄一致，无涟形，腰口不松开
5. 拉链平服，不外露
6. 熨烫平服，无烫焦、烫黄现象
7. 整洁、美观，无污渍、水花、线头</td></tr>
<tr><td>制作流程</td><td colspan="5">核对裁片→粘衬、拷边→缝合侧缝、劈缝→绱拉链→做腰头→绱腰头→做下摆→整烫→质量检验</td></tr>
<tr><td>备注</td><td colspan="5"></td></tr>
</table>

表 1–14　　小组编号表

组号	组内成员及编号	组长姓名及编号	本人姓名及编号

二、学习过程

（一）明确工作任务、获取相关信息

1. 知识学习

小贴士

裙装属围裹式服装，根据其结构特点，可将其分为合体型裙与非合体型裙，它们之间的区别在于裙装腰部是否有省、设计时是否控制臀围。西服裙、A 字裙是典型的合体型裙，侧缝线略向里倾斜，设计时要控制臀围；而大摆裙、斜裙为典型的非合体型裙，侧缝线自腰口向外倾斜，设计时不控制臀围。

引导问题

（1）请在表 1-15 所示裙装图片下方填写各裙装所属类型（合体型裙或非合体型裙）。

表 1-15　　裙装款式

裙装图片				
裙装类型				
裙装图片		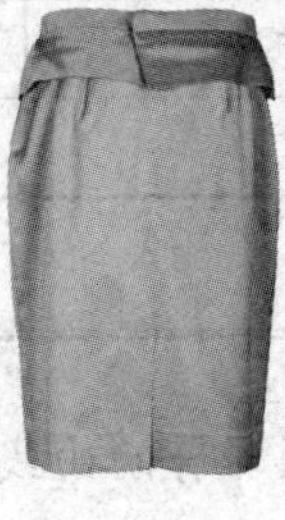		
裙装类型				

小贴士

服装号型常用来代表服装规格，它是服装企业生产标准化的依据之一，也是设计制作服装时确定其尺寸大小的参考依据。“号”是指人体的高度，以厘米为单位表示，是设计服装长短的依据；“型”是指人体的胸围或腰围，以厘米为单位表示，是设计服装肥瘦的依据。将号和型有规则地分档排列，即形成号型系列。号型系列设置以各体型中间体为中心，向两边依次递增或递减。号的分档和型的分档搭配组合，分别组成5·4号型系列、5·2号型系列。

引导问题

（2）在表1-13中，160/66A表示什么意思？该号型的服装适合哪种身材的人穿？

引导问题

（3）体型分类是根据人体的胸围与腰围的差数来确定的，请填写表1-16并想一想自己的体型属于哪一类。

表1-16 体型分类表

体型分类代号	胸围与腰围的差数	
	男	女
Y		
A		
B		
C		

小贴士

圆形裙腰部合体，能突出穿着者腰与臀的曲线。圆形裙裙摆由部分圆或若干圆组成，廓形呈A字形。圆形裙腰线在直腰带上，裙摆底摆展开量较大。圆形裙的裙型为多展开量裙型，根据圆形裙腰部展开量大小，裙子下部可设计任意大小的裙摆，裙长也可设计成不同的长度。大摆裙即为圆形裙的一种（见图 1–11），制作大摆裙可选用飘逸的面料，以使穿着者在行走或转身时裙摆可以摆动起来。电影《罗马假日》里，奥黛丽·赫本穿着大摆裙在城市里到处闲逛的情景给人们留下了深刻的印象。这种裙子适合中青年人穿着，也多被用作舞台装。

图 1–11　大摆裙效果图

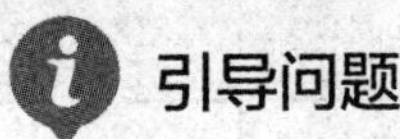

查询与收集

（4）请你收集一些不同款式的大摆裙，并说说适合穿着大摆裙的人的体型特征。

____

____

____

2. 学习检验

引导问题

（1）在教师的引导下，独立完成表 1–17 的填写。

表 1-17　　学习任务与学习活动简要归纳表

本次学习任务的名称	
本次学习任务的内容	
本次学习任务的主要目标	
大摆裙制版的工艺要求	
大摆裙制作的工艺要求	
你认为本次学习活动中，哪些目标的实现难度较大	

讨论

（2）大摆裙的裙摆有 180°、360°、720°等不同的度数，请你和小组同学讨论一下不同裙摆度数的大摆裙款式结构的异同。

引导问题

（3）请仔细识读表 1-13，说出该款大摆裙的款式结构的特点。

引导、评价、更正与完善

在教师讲评引导的基础上，对本阶段的学习活动成果进行自我评价和小组评价（100 分制），之后独立用红笔对本阶段引导问题的回答进行更正和完善。

项目	类别	分数	项目	类别	分数
个人自评分	关键能力		小组评分	关键能力	
	专业能力			专业能力	

（二）制订大摆裙样板制作计划并决策

1. 知识学习

学习制订计划的基本方法、内容和注意事项。

计划制订参考意见：整个工作的内容和目标是什么？整个工作分几步实施？工作过程中要注意什么？小组成员之间应如何配合？出现问题应如何处理？

2. 学习检验

引导问题

（1）请简要写出你们小组的计划。

引导问题

（2）你在制订计划的过程中承担了什么工作？有什么体会？

引导问题

（3）教师对小组的计划给出了什么修改建议？为什么？

引导问题

（4）你认为计划中哪些地方比较难实施？为什么？你有什么想法？

引导问题

（5）小组最终做出了什么决定？如何做出的？

引导、评价、更正与完善

在教师讲评引导的基础上，对本阶段的学习活动成果进行自我评价和小组评价（100 分制），之后独立用红笔对本阶段引导问题的回答进行更正和完善。

项目	类别	分数	项目	类别	分数
个人自评分	关键能力		小组评分	关键能力	
	专业能力			专业能力	

（三）大摆裙样板制作与检验

1. 知识学习

小贴士

大摆裙从本质上讲属于斜裙，当裙装的两侧缝线的夹角度数大于一般斜裙的两侧缝线的夹角度数时，该裙装便称为大摆裙。它们之间没有严格的界限，当夹角度数较小时，可以将大摆裙视为一般斜裙放缩；当夹角度数较大时，如果仍将其视为一般斜裙放缩，会影响其腰部的形状。因此，要根据大摆裙的结构规律，通过放缩大摆裙腰围弧线的半径来实施放缩。以腰围弧线的圆心为基点，将裙片对合，根据裙片对合后两条侧缝线的夹角度数，可以把大摆裙分为 1/4 大摆裙、半大摆裙、3/4 大摆裙和整大摆裙四种。1/4 大摆裙可以认为是斜裙和大摆裙的过渡裙，既可以将其视为一般斜裙放缩，也可以将其视为大摆裙放缩。

查询与收集

（1）大摆裙的制图方法有几种？我们常用哪一种方法？

____

____

____

____

训练

（2）请参考图 1-12，完成大摆裙的结构制图。

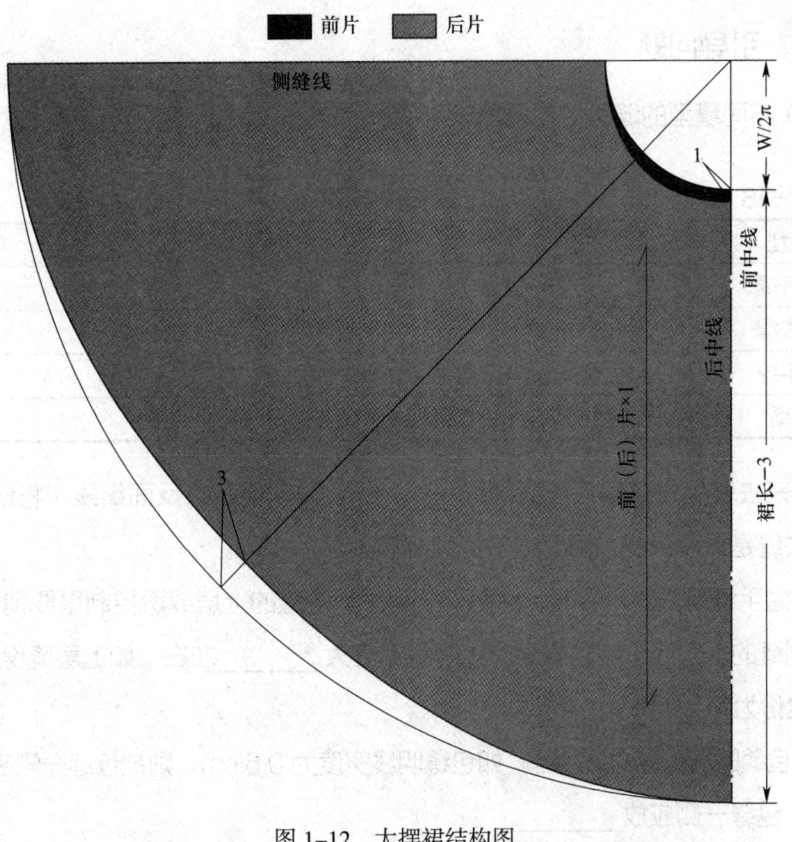

图 1–12　大摆裙结构图

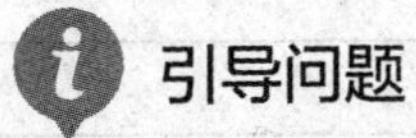

引导问题

（3）请在教师的指导下，写出 1/4 大摆裙、半大摆裙、3/4 大摆裙和整大摆裙的腰圆半径的计算公式，并说一说计算原理。

引导问题

（4）大摆裙结构制图时，裙片 45°处下摆一般会上提 3 cm，为什么？

引导问题

（5）不同缝型的缝份控制量见表 1-18，请根据表中内容回答以下问题。

表 1-18　缝份控制量

缝型	缝份控制量
分开缝	1 ~ 1.5 cm
来去缝	1.4 ~ 1.5 cm
握手缝	上层为 1 cm，下层为 1.5 cm
包缝	小缝为 0.6 cm，大缝为 1.5 cm

① 来去缝是先在裁片正面缉线________，再翻倒裁片反面缉线，将缝份包光。由于来去缝是缉两条线，因此缝份的控制量为________。

② 握手缝是先________，然后________。倒缝的上层缝份控制量要稍小于明线宽度，倒缝的下层缝份控制量则应比明线宽度大________左右。如上层缝份为 1 cm，则下层缝份为________。

③ 包缝的缝份应为大小缝，如包缝明线宽度为 0.6 cm，则被包缝一侧应放____________，包缝一侧应放__________。

小贴士

1. 不同部位折边的缝份控制量见表 1-19。

表 1-19　不同部位折边的缝份控制量

部位	折边的缝份控制量
底边	毛料上衣：4 cm，一般上衣：3 ~ 3.5 cm，衬衫：2 ~ 2.5 cm，大衣：5 cm
袖口	与底摆缝份控制量相同
裤口	一般为 3 ~ 4 cm，应根据工艺要求来处理
裙下摆	一般为 3 ~ 4 cm，应根据工艺要求来处理
口袋	明贴袋口无袋盖：3 cm，有袋盖：1.5 cm；小袋无袋盖：2.5 cm，有袋盖：1.5 cm；插袋：2 cm
开衩	西装上衣背衩：4 cm，大衣：4 ~ 6 cm，袖衩：2 ~ 2.5 cm，裙子：2 ~ 3.5 cm
开口	装纽扣或拉链：1.5 ~ 2 cm
门襟	3.5 ~ 5.5 cm

2. 不同衣料的缝份控制量

衣料的质地有厚有薄、有松有紧，应根据衣料的质地、性能来确定缝份的控制量。例如，质地疏松的衣料在裁剪及缝纫时容易脱散，因此缝份的控制量应大些，缝份控制量可为 1.5 cm；质地紧密的衣料的缝份控制量按常规量设置即可。

训练

（6）请在教师的指导下，写出大摆裙各边的缝份控制量，并完成大摆裙样板的制作。

引导问题

（7）大摆裙的下摆较大，在放缝时，应如何处理缝边折角？

小贴士

缝边折角处理的目的是确保折边翻折后折边线能够与对应的衣板位置线等长，以使服装缝制成型后里外平服，具体处理方法如图 1–13 所示。

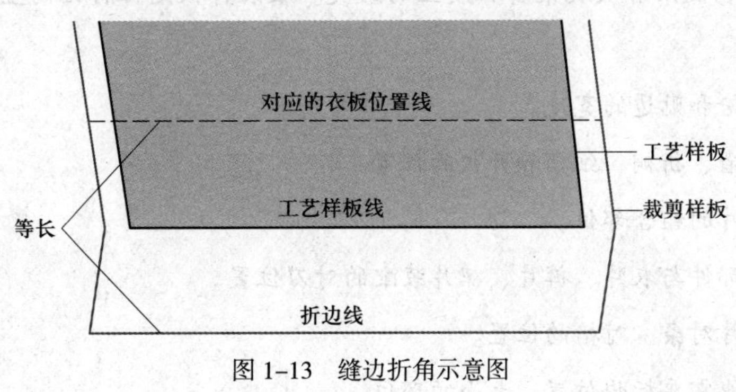

图 1–13　缝边折角示意图

2. 实践操作

实践

（1）参照图 1-12 独立完成大摆裙的 1 ：1 结构制图。

实践

（2）参照表 1-18、表 1-19、图 1-13，独立完成大摆裙样板的制作。

3. 学习检验

引导问题

（1）发现样衣的裙摆不圆顺时，该如何检查样板？

引导问题

（2）剪眼刀有什么要求？服装样板中的眼刀与服装裁片中的眼刀一样吗？

小贴士

在服装工业批量生产中，服装样板的标记是无声的语言，它可以使样板制作者和使用者实现某种程度上的默契。服装样板定位标记的主要内容如下：

1. 缝份和贴边的宽度。
2. 收省、折裥、细褶和开衩的位置。
3. 裁片的组合部位。
4. 零部件与衣片、裤片、裙片装配的对刀位置。
5. 裁片对条、对格的位置。
6. 其他需要标明位置、大小的部位。

训练

（3）根据样衣测量结果修改样板，你制作的样板有哪些部位需要修改？

____

____

____

引导、评价、更正与完善

在教师讲评引导的基础上，对本阶段的学习活动成果进行自我评价和小组评价（100 分制），之后独立用红笔对本阶段引导问题的回答进行更正和完善。

项目	类别	分数	项目	类别	分数
个人自评分	关键能力		小组评分	关键能力	
	专业能力			专业能力	

（四）成果展示与评价反馈

1. 知识学习

小贴士

样板检查与复核的内容：

1. 服装号型、款式与规格是否正确。

2. 组合结构是否合理。

3. 贴边与缝份是否符合工艺要求。

4. 组合部位里外围吃势是否恰当。

5. 省、裥、装位标记和剪口、钻孔标记是否正确。

6. 样板上的文字标记是否清晰、准确。

7. 样板的丝绺标记是否正确。

8. 面料样板、里料样板、衬料样板、裁剪样板和工艺样板等字样以及样板所需的数量是否标明。

2. 技能训练

在教师的指导下，以小组为单位，展示已完成的大摆裙样板成品。

3. 学习检验

引导问题

（1）样板制作完成后，要对样板的质量进行检验，检验项目如下：

① 裁片的规格尺寸是否准确无误。

② 各部位的线条是否圆顺、流畅，相关结构线的大小、形状是否吻合。

③ 样板上的标记是否有错漏，丝绺标记是否有遗缺，文字说明是否准确。

④ 样板的数量（片数）是否正确，各种部件是否齐全。

⑤ 样板的整体结构、各部位的比例关系是否符合款式要求。

引导问题

（2）在教师的指导下，在小组内进行作品展示，然后经小组讨论，推选出一组最佳作品，进行全班展示，并由组长简要介绍推选的理由，小组其他成员做补充并记录。

小组最佳作品制作人：____________________

推选理由：____

____

其他小组评价意见：____

____

教师评价意见：____

____

引导问题

（3）将本次学习活动中出现的问题及其产生的原因和解决的办法填写在表1-20中。

表1-20　问题分析表

出现的问题	产生的原因	解决的办法

自我评价

（4）将本次学习活动中自己最满意的地方和最不满意的地方各写两点，并简要说明原因。

最满意的地方：______________________________

最不满意的地方：______________________________

引导问题

（5）请同学们在教师的指导下，对本次学习活动进行综合评价，将相应的分值填在表 1-21 中。

表 1-21　　学习活动考核评价表

学习活动名称：大摆裙样板制作

班级：　　学号：　　姓名：　　指导教师：

评价项目	评价标准	评价依据	评价方式			权重	得分小计	总分
			自我评价	小组评价	教师评价			
			10%	20%	70%			
关键能力	1. 能穿戴劳保用品，执行安全生产操作规程 2. 能参与小组讨论，进行相互交流与评价 3. 能积极主动、勤学好问 4. 能清晰、准确表达 5. 能清扫场地，清理工作台，归置物品	1. 课堂表现 2. 工作页填写				40%		
专业能力	1. 能说出西服裙与大摆裙的异同 2. 能识读服装号型，设定大摆裙制版规格 3. 能制订大摆裙样板制作计划，准备相关制图工具与材料 4. 能识读大摆裙生产工艺单，完成大摆裙结构制图	1. 课堂表现 2. 工作页填写 3. 提交的大摆裙结构图				60%		

续表

<table>
<tr><th rowspan="3">评价项目</th><th rowspan="3">评价标准</th><th rowspan="3">评价依据</th><th colspan="3">评价方式</th><th rowspan="3">权重</th><th rowspan="3">得分小计</th><th rowspan="3">总分</th></tr>
<tr><th>自我评价</th><th>小组评价</th><th>教师评价</th></tr>
<tr><th>10%</th><th>20%</th><th>70%</th></tr>
<tr><td>专业能力</td><td>5. 能正确拷贝轮廓线，依据大摆裙款式特点和制作工艺要求，准确放缝，制作全套样板
6. 能按照样板制作规范，完成样板编号、标注、打孔、分类等工作
7. 能记录大摆裙样板制作过程中的疑难点，在教师指导下，通过小组讨论或独立思考、实践解决</td><td>4. 提交的大摆裙样板</td><td></td><td></td><td></td><td></td><td></td><td></td></tr>
<tr><td>指导教师综合评价</td><td colspan="8">指导教师签名：　　　　　　　　　　　　　　　　　　日期：</td></tr>
</table>

三、学习拓展

说明：本阶段学习拓展建议课时为 8 课时，要求学生在课后独立完成。教师可根据本校的教学需要和学生的实际情况，选择部分或全部内容进行实践，也可不实施本学习拓展，将其所需课时用于学习过程阶段实践内容的强化。

拓展 1

A 字裙是生活中常见款式的裙子，试进行图 1-14 所示 A 字裙的样板制作，其成品规格见表 1-22。

表 1-22　　A 字裙成品规格表　　单位：cm

号型	裙长	腰围	臀围	臀高
165/68A	55	70	94	17

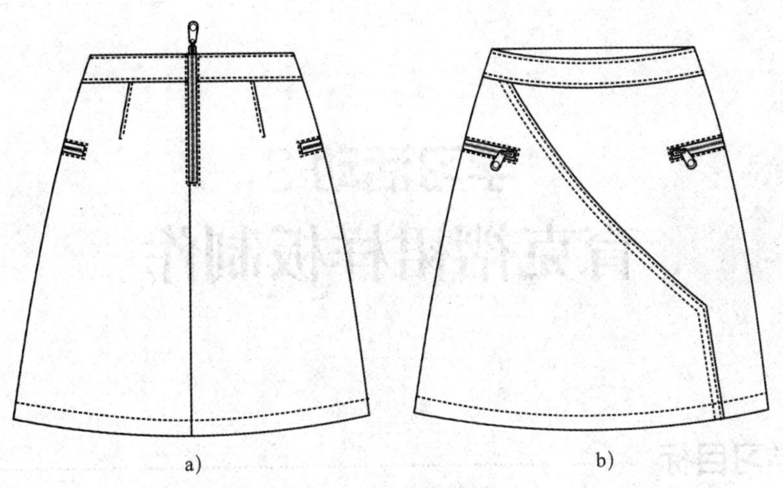

a)　　　　b)

图 1-14　A 字裙款式图

拓展 2

请参照表 1-23 和图 1-15，独立完成育克波浪裙结构制图和样板制作。

表 1-23　育克波浪裙成品规格表　单位：cm

号型	裙长	腰围	臀围	腰宽
160/64A	56	66	94	3

a)　　　　b)

图 1-15　育克波浪裙款式图

学习活动 3
育克褶裙样板制作

学习目标

1. 能严格遵守工作制度，服从工作安排，按要求准备好育克褶裙样板制作所需的工具、设备、材料与各项技术文件。

2. 能正确识读育克褶裙样板制作各项技术文件，明确育克褶裙样板制作的流程、方法和注意事项。

3. 能查阅相关技术资料，制订育克褶裙样板制作计划，并在教师的指导下，通过小组讨论做出决策。

4. 能依据世界技能大赛标准及相关技术文件要求，结合育克褶裙结构制图规范，独立完成育克褶裙样板制作、检查与复核工作。

5. 能对照世界技能大赛标准及相关技术文件，独立完成育克褶裙样衣的成品尺寸测量，并依据测量结果，将育克褶裙样板修改、调整到位。

6. 能记录育克褶裙样板制作过程中的疑难点，通过小组讨论、合作探究或在教师的指导下，提出较为合理的解决办法。

7. 能展示、评价育克褶裙样板制作各阶段成果，并根据评价结果，做出相应的反馈。

一、学习准备

1. 服装打版一体化教室、打版桌、排料台、服装 CAD 打版系统、样板制作工具。

2. 安全生产操作规程、育克褶裙生产工艺单（见表 1-24）、育克褶裙样板制作相关学习材料。

3. 分成学习小组（每组 5 ~ 6 人，以英文大写字母编号），将分组信息填写在表 1-25 中。

表 1-24　　育克褶裙生产工艺单

<table>
<tr><td>款式名称</td><td colspan="6">育克褶裙</td></tr>
<tr><td>款式图与
款式说明</td><td colspan="3">款式图</td><td colspan="3">款式说明：
1. 合体短裙，A 字形
2. 装腰头，侧缝上段装拉链，腰口至臀围线做弧形育克分割，裙片均匀设 3 个工字褶，前后裙片结构相同</td></tr>
<tr><td rowspan="2">成品规格</td><td>号型</td><td>裙长</td><td>腰围</td><td>臀围</td><td>臀高</td><td>腰宽</td></tr>
<tr><td>160/66A</td><td>42 cm</td><td>68 cm</td><td>92 cm</td><td>17 cm</td><td>3 cm</td></tr>
<tr><td>制版工艺
要求</td><td colspan="6">1. 样板设计充分考虑款式特征、面料特性和工艺要求
2. 样板结构合理，尺寸符合规格要求，对合部位长短一致
3. 结构图干净整洁，标注清晰规范
4. 辅助线、轮廓线界定清晰，线条平滑、圆顺、流畅
5. 样板类型齐全、数量准确、标注规范
6. 省、褶、剪口、钻孔等位置正确，标记齐全，放缝量、折边量符合要求
7. 样板轮廓光滑、顺畅，无毛刺
8. 结构图与样板校验无误</td></tr>
<tr><td>制作工艺
要求</td><td colspan="6">1. 缝制采用 12 号机针，线迹密度为 12 ~ 14 针 /3 cm，线迹松紧适度
2. 尺寸规格达到要求，裙长、臀围误差小于 1 cm，腰围误差小于 0.5 cm
3. 门襟、里襟长短一致，拉链不外露，开门下端封口平服，门襟、里襟不可拉松
4. 腰头宽窄一致，无涟形，腰口不松开
5. 缉线顺直，止口明线宽窄一致
6. 缝线均匀，裙片不起吊，裙摆不起涟
7. 熨烫平服，无烫焦、烫黄现象
8. 整洁、美观，无污渍、水花、线头</td></tr>
<tr><td>制作流程</td><td colspan="6">核对裁片→粘衬、拷边→做工字褶→合育克→缝合侧缝、劈缝→绱拉链→做腰头→装腰头→做下摆→整烫→质量检验</td></tr>
<tr><td>备注</td><td colspan="6"></td></tr>
</table>

表1-25　　小组编号表

组号	组内成员及编号	组长姓名及编号	本人姓名及编号

二、学习过程

（一）明确工作任务、获取相关信息

1. 知识学习

小贴士

服装款式图是服装结构制图的主要依据之一，要想正确解读款式图应做好以下几点：

1. 充分理解服装款式造型特点、款式风格以及装饰和面料组合搭配方法。

2. 充分理解内部结构线的形态及含义。结构线的形态有直线、曲线，结构线的含义可以是省、裥等。

3. 充分理解服装各部件之间的组合关系与分割比例。

引导问题

（1）服装款式效果的表达形式有哪些？

____

____

____

查询与收集

（2）请通过网络调查和市场调查，选择几款今年流行的裙子的款式图，分析其款式特征。

____

____

____

____

小贴士

裙子结构变化的方法是在常规裙的基础上，进行变款结构处理。变款结构处理可通过对基础裙片剪切、展开、移位、合并与变形来实现。

除了对服装廓形进行变化外，还可以通过分割、增加装饰部件，对不同颜色、不同花形及不同质地的面料进行搭配、组合，来增加裙子的变化。

分割是服装设计中常用的结构设计手法，包括装饰性的分割和功能性的分割。分割的设计是非随意性的，要以实现结构的基本功能为前提，即服装穿着舒适、方便，造型美观。服装当中的分割主要有竖线（向）分割、横线（向）分割、斜线（向）分割、曲线（向）分割。

引导问题

（3）请解释“育克”的含义，并说一说它的作用。

______

______

______

引导问题

（4）裙装基本型结构线变化有哪几种?

______

______

______

2. 学习检验

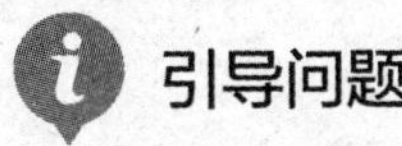

引导问题

（1）在教师的引导下，独立完成表 1-26 的填写。

表 1-26　学习任务与学习活动简要归纳表

本次学习任务的名称	
本次学习任务的内容	

续表

本次学习任务的主要目标	
育克褶裙制版的工艺要求	
育克褶裙制作的工艺要求	
你认为本次学习活动中，哪些目标的实现难度较大	

引导问题

（2）褶饰设计是服装造型的重要手段，请依据褶的构成特点对其进行分类。

______

______

______

引导、评价、更正与完善

在教师讲评引导的基础上，对本阶段的学习活动成果进行自我评价和小组评价（100 分制），之后独立用红笔对本阶段引导问题的回答进行更正和完善。

项目	类别	分数	项目	类别	分数
个人自评分	关键能力		小组评分	关键能力	
	专业能力			专业能力	

（二）制订育克褶裙样板制作计划并决策

1. 知识学习

学习制订计划的基本方法、内容和注意事项。

计划制订参考意见：整个工作的内容和目标是什么？整个工作分几步实施？工作过程中要注意什么？小组成员之间应如何配合？出现问题应如何处理？

2. 学习检验

引导问题

（1）请简要写出你们小组的计划。

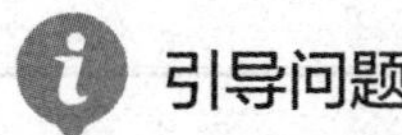

引导问题

（2）你在制订计划的过程中承担了什么工作？有什么体会？

引导问题

（3）教师对小组的计划给出了什么修改建议？为什么？

引导问题

（4）你认为计划中哪些地方比较难实施？为什么？你有什么想法？

引导问题

（5）小组最终做出了什么决定？如何做出的？

引导、评价、更正与完善

在教师讲评引导的基础上，对本阶段的学习活动成果进行自我评价和小组评价（100 分制），之后独立用红笔对本阶段引导问题的回答进行更正和完善。

项目	类别	分数	项目	类别	分数
个人自评分	关键能力		小组评分	关键能力	
	专业能力			专业能力	

（三）育克褶裙样板制作与检验

1. 知识学习

 小贴士

育克褶裙由育克和褶裙两部分组合而成。不论是上面的育克还是下面的褶裙，都可设计成多种造型。在大部分的育克褶裙设计中，育克将臀腰之间的省道量通过剪切合并转化到横向的分割线中，使育克褶裙的造型与人体吻合，产生良好的立体效果。

训练

（1）请在图 1-16 的基础上完成表 1-24 中育克褶裙的结构制图。

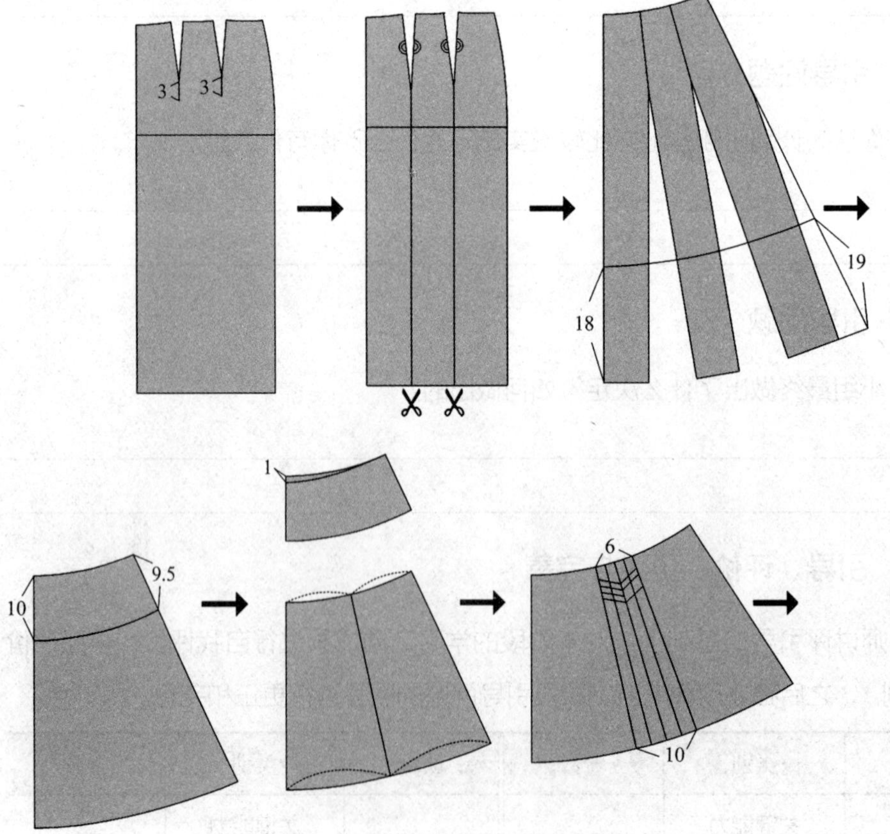

图 1-16　育克褶裙结构图

引导问题

（2）完成育克褶裙的结构制图后，请独立回答以下问题。

① 臀高的确定主要与 ____________ 有关，一般是 ____________ 。

② 此款裙子在制图时，应该用什么方法处理腰臀差？ ______________________

____

③ 若想增大裙摆，育克分割线的弧度应增大还是减小？为什么？

____

____

引导问题

（3）你制作的育克褶裙结构图布局合理吗？服装结构制图对布局有什么要求？

____

____

____

引导问题

（4）请在图 1-17 中标注每条线的加放量。

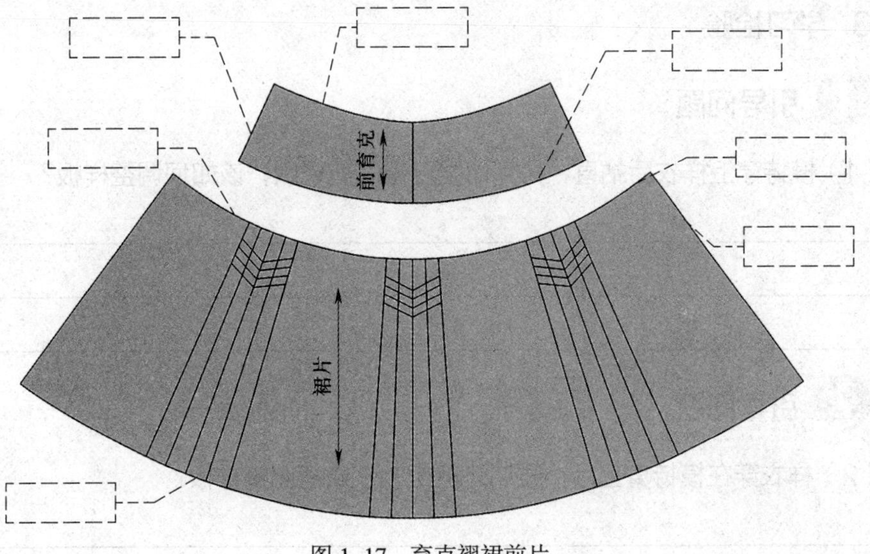

图 1-17　育克褶裙前片

 训练

（5）请完成育克褶裙的样板制作，并把制作过程中出现的问题记录下来。

 引导问题

（6）如何在样板上做工字褶标记？

2. 实践操作

 实践

（1）参照图1-16，独立完成育克褶裙的1：1结构制图。

 实践

（2）参照图1-17，独立完成育克褶裙样板的制作。

3. 学习检验

 引导问题

（1）模特穿上样衣后站直，育克褶裙出现前翘现象，该如何调整样板？

 引导问题

（2）样衣穿在模特身上后，腰部略宽松，该如何调整样板？

引导、评价、更正与完善

在教师讲评引导的基础上，对本阶段的学习活动成果进行自我评价和小组评价（100 分制），之后独立用红笔对本阶段引导问题的回答进行更正和完善。

项目	类别	分数	项目	类别	分数
个人自评分	关键能力		小组评分	关键能力	
	专业能力			专业能力	

（四）成果展示与评价反馈

1. 知识学习

小贴士

样板检查与复核时需要注意以下几点：

1. 需对照成品规格单、生产工艺单等进行检查与复核。
2. 需逐项进行检查核对，检查核对过的要进行标记，以防遗漏。
3. 样板号型、款式、规格、贴边缝份、档差都必须符合规定，组合部位吃势必须符合要求。
4. 需做好样板复核记录。

2. 技能训练

在教师的指导下，以小组为单位，展示已完成的育克褶裙样板成品。

3. 学习检验

训练

（1）样板制作完成后，要对样板的质量进行检验，检验项目如下：

① 裁片的规格尺寸是否准确无误。

② 各部位的线条是否圆顺、流畅，相关结构线的大小、形状是否吻合。

③ 样板上的标记是否有错漏，丝绺标记是否有遗缺，文字说明是否准确。

④ 样板的数量（片数）是否正确，各种部件是否齐全。

⑤ 样板的整体结构、各部位的比例关系是否符合款式要求。

引导问题

（2）请在教师的指导下，在小组内进行作品展示，然后经小组讨论，推选出一组最佳作品，进行全班展示，并由组长简要介绍推选的理由，小组其他成员做补充并记录。

小组最佳作品制作人：________________

推选理由：________________________________

____

其他小组评价意见：____________________________

____

教师评价意见：______________________________

____

引导问题

（3）将本次学习活动中出现的问题及其产生的原因和解决的办法填写在表1-27中。

表1-27　　问题分析表

出现的问题	产生的原因	解决的办法

自我评价

（4）将本次学习活动中自己最满意的地方和最不满意的地方各写两点，并简要说明原因。

最满意的地方：______________________________

最不满意的地方：____________________________

（5）请同学们在教师的指导下，对本次学习活动进行综合评价，将相应的分值填在表1-28中。

表1-28　　　　　　　　学习活动考核评价表

学习活动名称：育克褶裙样板制作

班级：　　　　　学号：　　　　　姓名：　　　　　指导教师：

评价项目	评价标准	评价依据	评价方式			权重	得分小计	总分
			自我评价	小组评价	教师评价			
			10%	20%	70%			
关键能力	1. 能穿戴劳保用品，执行安全生产操作规程 2. 能参与小组讨论，进行相互交流与评价 3. 能积极主动、勤学好问 4. 能清晰、准确表达 5. 能清扫场地，清理工作台，归置物品	1. 课堂表现 2. 工作页填写				40%		
专业能力	1. 能解读不同裙子的款式图 2. 能识读服装号型，设定育克褶裙制版规格 3. 能制订育克褶裙样板制作计划，准备相关制图工具与材料 4. 能识读育克褶裙生产工艺单，完成育克褶裙结构制图 5. 能正确拷贝轮廓线，依据育克褶裙款式特点和制作工艺要求，准确放缝，制作全套样板 6. 能按照样板制作规范，完成样板编号、标注、打孔、分类等工作 7. 能记录育克褶裙制作过程中的疑难点，在教师指导下，通过小组讨论或独立思考、实践解决	1. 课堂表现 2. 工作页填写 3. 提交的育克褶裙结构图 4. 提交的育克褶裙样板				60%		
指导教师综合评价	指导教师签名：　　　　　　　　　　日期：							

三、学习拓展

说明：本阶段学习拓展建议课时为 12 课时，要求学生在课后独立完成。教师可根据本校的教学需要和学生的实际情况，选择部分或全部内容进行实践，也可不实施本学习拓展，将其所需课时用于学习过程阶段实践内容的强化。

拓展 1

图 1-18 所示是一款辐射褶裙，其成品规格见表 1-29。请参照图 1-19，完成此款裙子的样板制作。

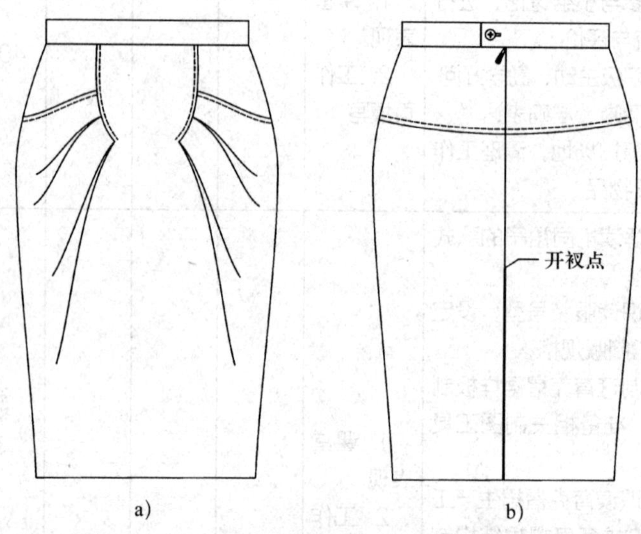

图 1-18　辐射褶裙款式图

表 1-29　辐射褶裙成品规格表　单位：cm

号型	裙长	腰围	臀围	臀高
160/64A	60	66	90	17

拓展 2

图 1-20 所示是一款花瓣裙，其成品规格见表 1-30，请完成此款裙子的结构制图和样板制作。

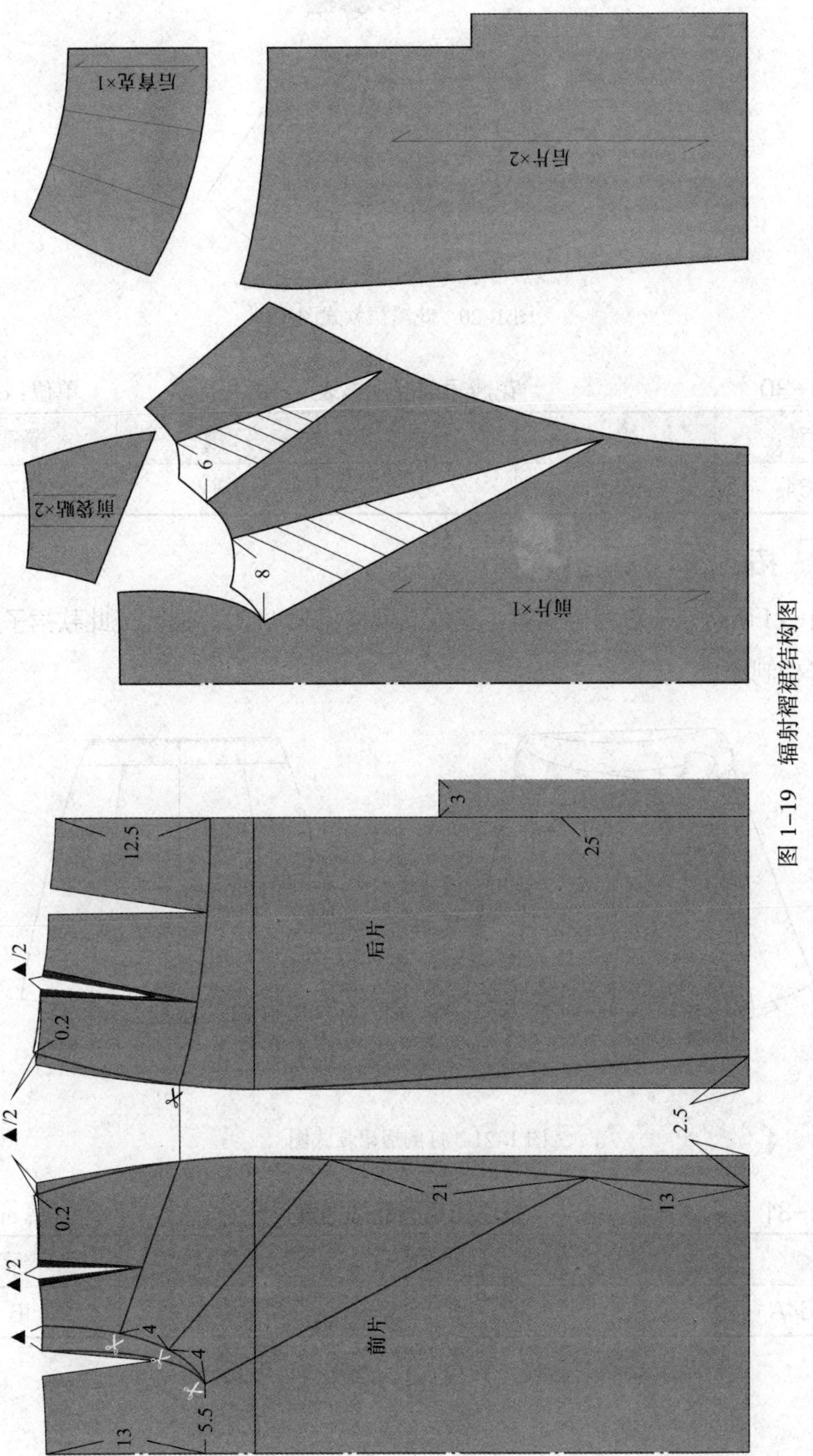

图 1-19　辐射褶裙结构图

图 1–20　花瓣裙款式图

表 1–30　　花瓣裙成品规格表　　单位：cm

号型	裙长	腰围	臀围	臀高
160/64A	42	66	90	17

拓展 3

图 1–21 所示是一款打倒褶裙，其成品规格见表 1–31，请完成此款裙子的结构制图和样板制作。

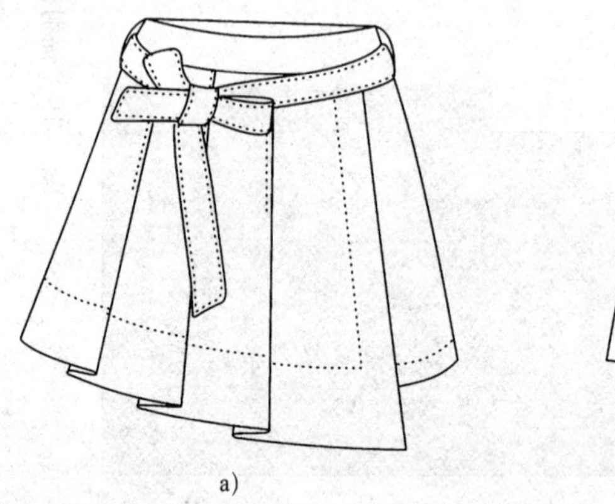

a)

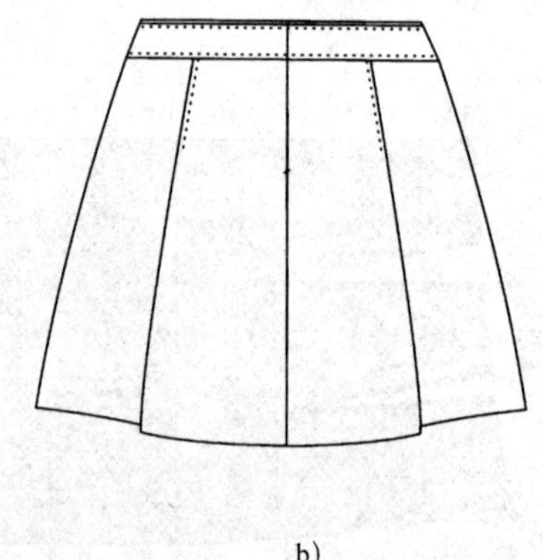

b)

图 1–21　打倒褶裙款式图

表 1–31　　打倒褶裙成品规格表　　单位：cm

号型	裙长	腰围	臀围	臀高
160/64A	50	70	94	16

学习任务二
女裤制版

学习目标

1. 能服从部门工作安排，准确理解女裤服装制版工作任务，运用恰当的沟通方法与设计师确认款式图结构的合理性。

2. 能根据款式图高效查阅相关技术资料，获取可将生产工艺单转换为样板的有效信息，合理制订制版计划。

3. 能根据国家标准《服装制图》（GB/T 29863—2013）、世赛标准和生产工艺单要求，选择合理的制版方法（平面制版或立体裁剪）并制作女裤等服装的样板，确保臀腰差分配合理，做到起翘、困势与人体匹配。

4. 能完整记录样衣审核过程中的修改意见，并对女裤等服装的样板进行修正，确保样板效果符合设计要求。

5. 能完成工业样板基准版制作，为样板标注属性信息（丝绺、产品名称、款号、号型规格、裁剪说明、样板名称、样片号、剪口等），属性信息全面、清晰、准确。能根据生产工艺单中成品规格、面料、款式等信息，设定并规范标示推版数据。

6. 能按照企业技术要求，参与编写工艺说明书。

7. 在工作过程中，能严格遵守“8S”管理规定，与部门主管、设计师、推版人员沟通合作，养成严谨、认真、细致等良好的职业素养。

建议课时

38 课时。

学习任务描述

版师接到生产工艺单，领取材料并确认后，查阅相关资料，根据生产工艺单确定成品规格，设定样板尺寸，制作样板，并将其交给工艺师制作样衣。各部门相关人员（如设计师、销售经理、技术主管、生产主管等）对样衣效果进行审核。版师再根据各部门的反馈意见对样板进行修正，完成工业样板基准版制作并将其交付部门主管。部门主管审核合格后，版师以工业样板基准版为基础进行推版，并参与编写工艺说明书。

学习活动

1. 女西裤样板制作
2. 女裙裤样板制作
3. 低腰牛仔裤样板制作

学习活动 1
女西裤样板制作

学习目标

1. 能严格遵守工作制度，服从工作安排，按要求准备好女西裤样板制作所需的工具、设备、材料与各项技术文件。

2. 能正确识读女西裤样板制作各项技术文件，明确女西裤样板制作的流程、方法和注意事项。

3. 能查阅相关技术资料，制订女西裤样板制作计划，并在教师的指导下，通过小组讨论做出决策。

4. 能依据世界技能大赛标准及相关技术文件要求，结合女西裤结构制图规范，独立完成女西裤样板制作、检查与复核工作。

5. 能对照世界技能大赛标准及相关技术文件，独立完成女西裤样衣的成品尺寸测量，并依据测量结果，将女西裤样板修改、调整到位。

6. 能记录女西裤样板制作过程中的疑难点，通过小组讨论、合作探究或在教师的指导下，提出较为合理的解决办法。

7. 能展示、评价女西裤样板制作各阶段成果，并根据评价结果，做出相应的反馈。

一、学习准备

1. 服装打版一体化教室、打版桌、排料台、服装 CAD 打版系统、样板制作工具。

2. 安全生产操作规程、女西裤生产工艺单（见表 2-1）、女西裤样板制作相关学习材料。

表 2-1　女西裤生产工艺单

<table>
<tr><td>款式名称</td><td colspan="7">女西裤</td></tr>
<tr><td>款式图与款式说明</td><td colspan="5">款式图</td><td colspan="2">款式说明：
直筒裤，装直腰头、五根裤袢，前中门襟、里襟装拉链，腰头钉扣，前裤片、后裤片左、右各收一个省，烫前后挺缝线</td></tr>
<tr><td rowspan="2">成品规格</td><td>号型</td><td>裤长</td><td>腰围</td><td>臀围</td><td>裆深</td><td>脚口</td><td>腰宽</td></tr>
<tr><td>160/66A</td><td>103 cm</td><td>72 cm</td><td>96 cm</td><td>27 cm</td><td>47 cm</td><td>3 cm</td></tr>
<tr><td>制版工艺要求</td><td colspan="7">1. 样板设计充分考虑款式特征、面料特性和工艺要求
2. 样板结构合理，尺寸符合规格要求，对合部位长短一致
3. 结构图干净整洁，标注清晰规范
4. 辅助线、轮廓线界定清晰，线条平滑、圆顺、流畅
5. 样板类型齐全、数量准确、标注规范
6. 省、褶、剪口、钻孔等位置正确，标记齐全，放缝量、折边量符合要求
7. 样板轮廓光滑、顺畅，无毛刺
8. 结构图与样板校验无误</td></tr>
<tr><td>制作工艺要求</td><td colspan="7">1. 缝制采用 14 号机针，线迹密度为 15 ~ 18 针 /3 cm，线迹松紧适度
2. 尺寸规格达到要求，裤长、腰围、臀围误差小于 1 cm，裆深、脚口误差小于 0.5 cm，腰宽误差为 0
3. 腰头顺直，宽窄一致，里外平服，不起涟、不起皱、不反吐
4. 省尖无酒窝，省缝熨烫平服、倒向一致、左右对称，无歪斜、吃皱
5. 门襟、里襟长短一致，拉链无外露，门襟压线平服、宽窄一致
6. 前裆缝、后裆缝、下裆缝无双轨线，裆底十字缝对齐
7. 里外光洁，无线头
8. 锁眼、钉扣符合要求</td></tr>
</table>

续表

制作工艺要求	9. 熨烫平服，挺缝线顺直，无烫黄、变色，无水渍、污渍，无破损 10. 整洁、美观
制作流程	核对样板→裁剪→核对裁片、做标记→拷边→小烫衣片、烫腰衬→缉前省、后省→合侧缝→合下裆缝→烫挺缝线→合前裆缝、后裆缝→装门襟、里襟和拉链→封门襟→做裤袢、腰头→装腰头、裤袢→手针收脚口→锁眼、钉扣→整烫、整理→质量检验
备注	

3. 分成学习小组（每组 5 ~ 6 人，以英文大写字母编号），将分组信息填写在表 2-2 中。

表 2-2　　小组编号表

组号	组内成员及编号	组长姓名及编号	本人姓名及编号

二、学习过程

（一）明确工作任务、获取相关信息

1. 知识学习

小贴士

下装分为裤子和裙子两种，其中裤子比裙子应用更为广泛，裤子是现代人必备的下装，适合于不同年龄、不同性别的人在不同季节、不同场合穿着。裤子款式丰富多变，穿着舒适得体，深受消费者喜爱。

裤子按长度可分为内裤、迷你短裤、短裤、中长裤、吊脚裤和长裤等。

裤子按腰节所处的位置可分为低腰裤、中腰裤、连腰裤、高腰裤等。

裤子按外形特征可分为喇叭裤、直筒裤、锥裤等。通常，喇叭裤裤腿较长，一般为低腰裤；直筒裤裤腿长短适中，一般为中腰裤；锥裤裤腿较短，一般为高腰裤，如图 2-1 所示。

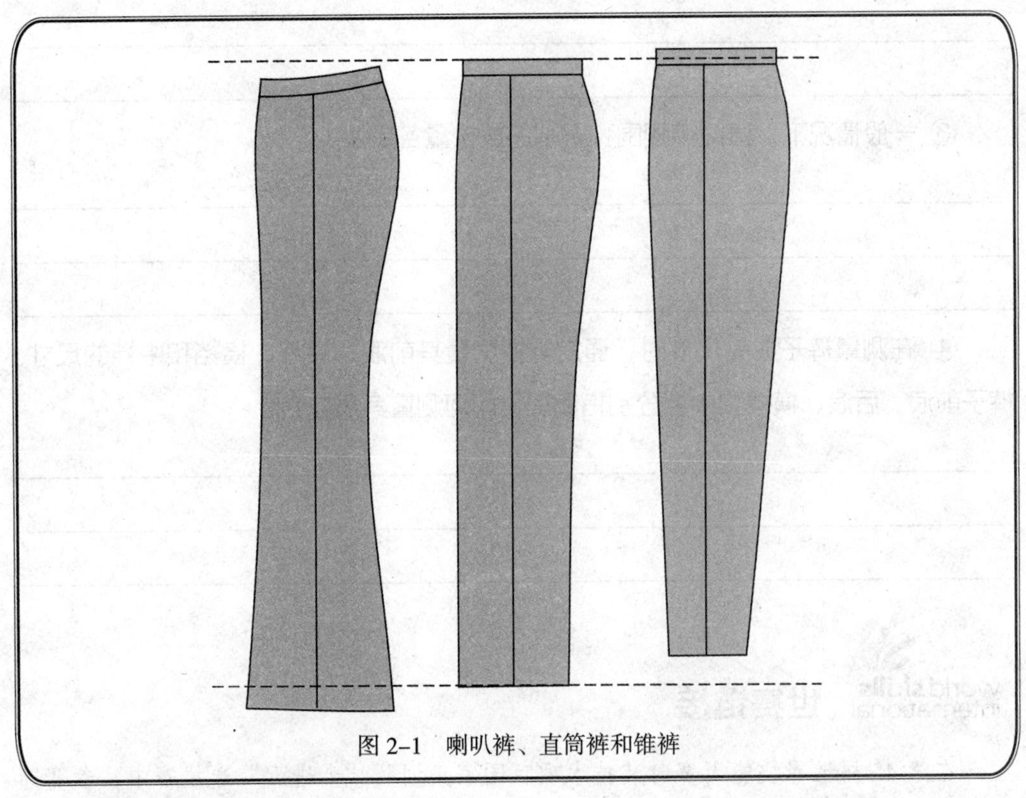

图 2-1 喇叭裤、直筒裤和锥裤

引导问题

（1）你穿的裤子属于哪一种类型？试着分析其款式特征。

____

____

____

引导问题

（2）在查阅资料的基础上，通过小组讨论，回答下列问题。

① 与直筒裤相比，为什么喇叭裤的裤腿较长、脚口较大，锥裤的裤腿较短、脚口较小？

____

____

____

② 成品裤子的裤长、腰围、臀围、裆深和脚口是如何测量的？臀围两点测量法与三点测量法有什么区别？

③ 一般情况下，直筒裤腰围和臀围的放松量各是多少？

④ 在测量裤子成品尺寸时，通常需要测量其前浪、后浪、横裆和中裆的尺寸。裤子前浪、后浪、横裆和中裆分别指哪里？如何测量其尺寸？

worldskills international 世赛链接

在第 45 届世界技能大赛时装技术项目国家集训队“十进五”选拔赛中，参赛选手要在规定的时间内完成一条裤子的设计、制版与制作，图 2–2 所示是选拔赛中参赛选手温彩云设计、制版并制作的裤子。

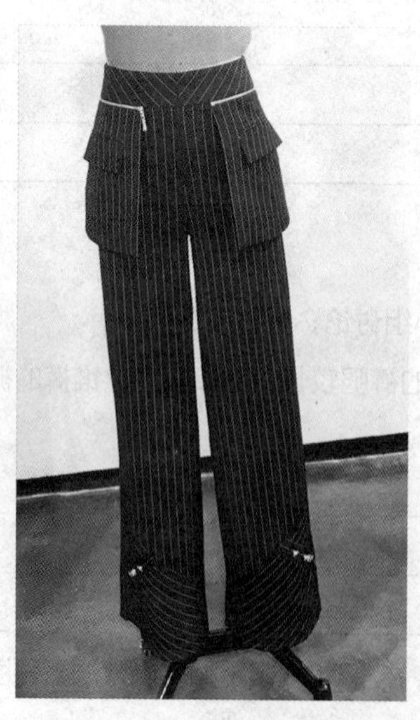

图 2–2　温彩云的作品

2. 学习检验

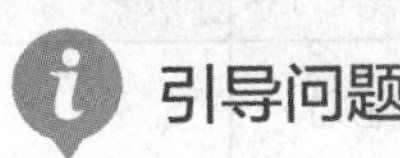

引导问题

（1）在教师的引导下，独立完成表 2-3 的填写。

表 2-3　　　　学习任务与学习活动简要归纳表

本次学习任务的名称	
本次学习任务的内容	
本次学习任务的主要目标	
女西裤制版的工艺要求	
女西裤制作的工艺要求	
你认为本次学习活动中，哪些目标的实现难度较大	

讨论

（2）制版时，为什么一般都使用 HB 铅笔，而不使用 2B 铅笔或 2H 铅笔？

（3）削铅笔时，铅笔屑为什么要放入垃圾篓中，而不能随处乱扔？

引导、评价、更正与完善

在教师讲评引导的基础上，对本阶段的学习活动成果进行自我评价和小组评价（100 分制），之后独立用红笔对本阶段引导问题的回答进行更正和完善。

项目	类别	分数	项目	类别	分数
个人自评分	关键能力		小组评分	关键能力	
	专业能力			专业能力	

（二）制订女西裤样板制作计划并决策

1. 知识学习

学习制订计划的基本方法、内容和注意事项。

计划制订参考意见：整个工作的内容和目标是什么？整个工作分几步实施？工作过程中要注意什么？小组成员之间应如何配合？出现问题应如何处理？

2. 学习检验

引导问题

（1）请简要写出你们小组的计划。

____

____

引导问题

（2）你在制订计划的过程中承担了什么工作？有什么体会？

____

____

引导问题

（3）教师对小组的计划给出了什么修改建议？为什么？

____

____

____

引导问题

（4）你认为计划中哪些地方比较难实施？为什么？你有什么想法？

引导问题

（5）小组最终做出了什么决定？如何做出的？

引导、评价、更正与完善

在教师讲评引导的基础上，对本阶段的学习活动成果进行自我评价和小组评价（100 分制），之后独立用红笔对本阶段引导问题的回答进行更正和完善。

项目	类别	分数	项目	类别	分数
个人自评分	关键能力		小组评分	关键能力	
	专业能力			专业能力	

（三）女西裤样板制作与检验

1. 知识学习

女西裤的结构图如图 2–3 所示，基本样板如图 2–4 所示，面料样板放缝图如图 2–5 所示。

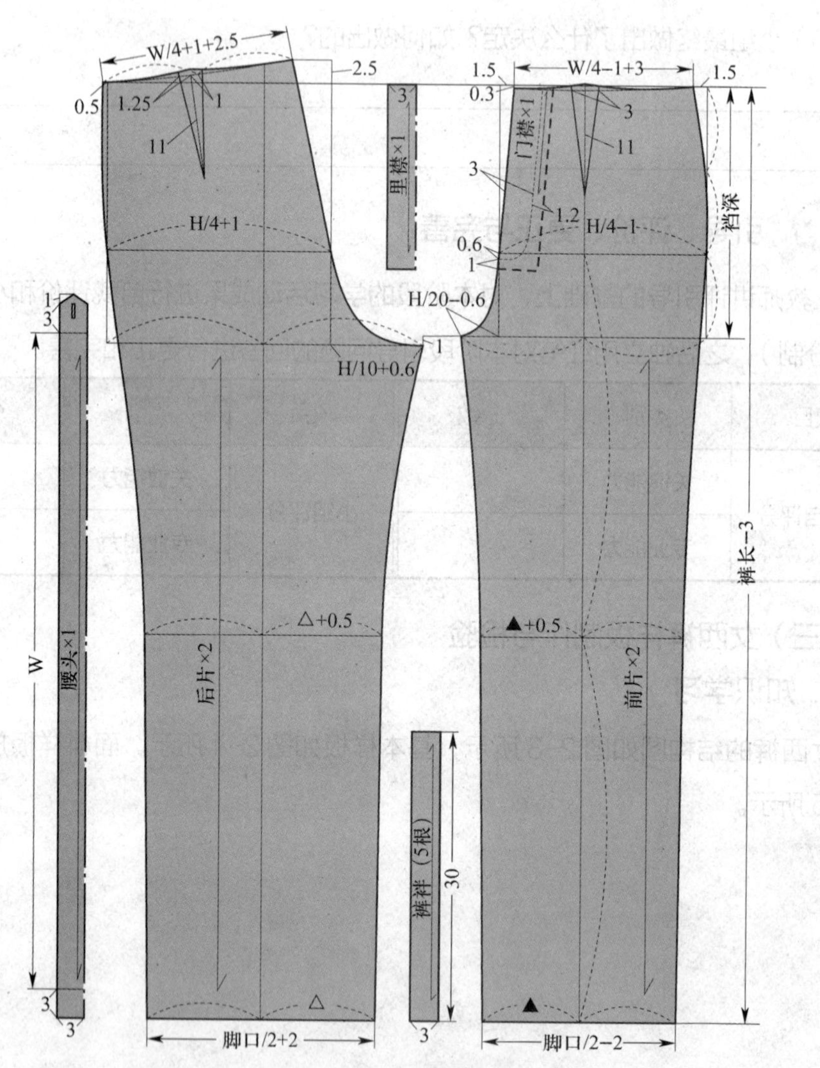

W/4+1+2.5
2.5
0.5
1.25
1
11
H/4+1
H/10+0.6
1
3
W
腰头×1
3
3
后片×2
△+0.5
△
脚口/2+2
3
里襟×1
裤袢（5根）
30
3
1.5
W/4−1+3
1.5
0.3
门襟×1
3
11
3
1.2
H/4−1
0.6
1
H/20−0.6
裆深
裤长−3
▲+0.5
前片×2
▲
脚口/2−2

图 2–3　女西裤的结构图

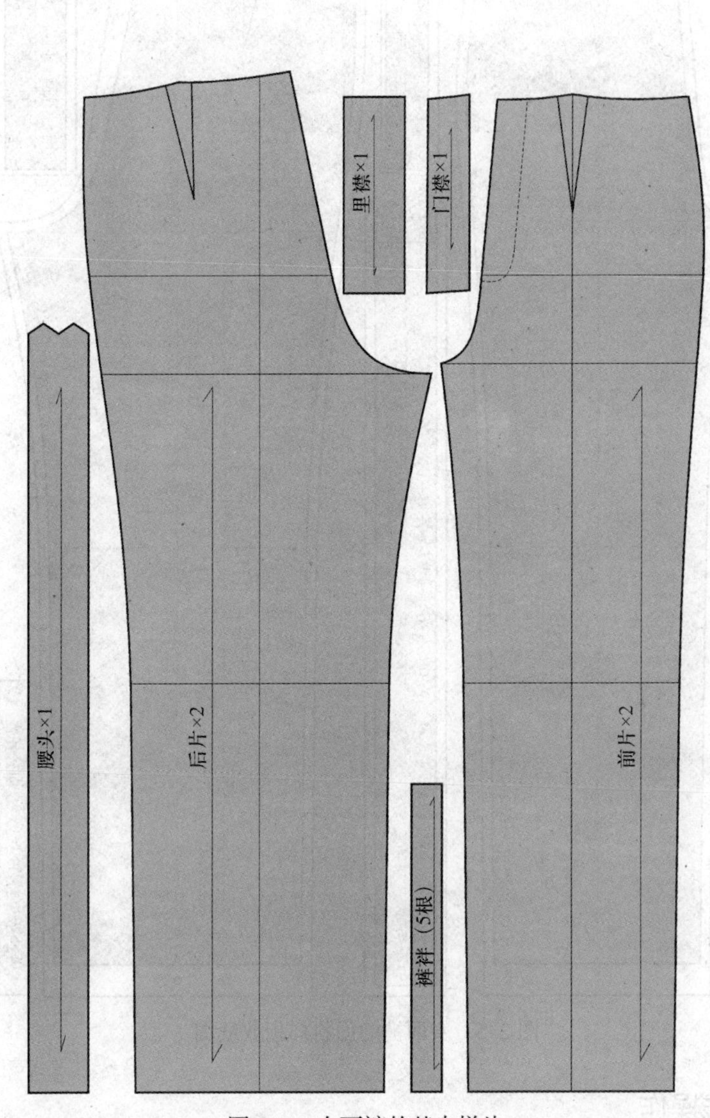

图 2-4　女西裤的基本样片

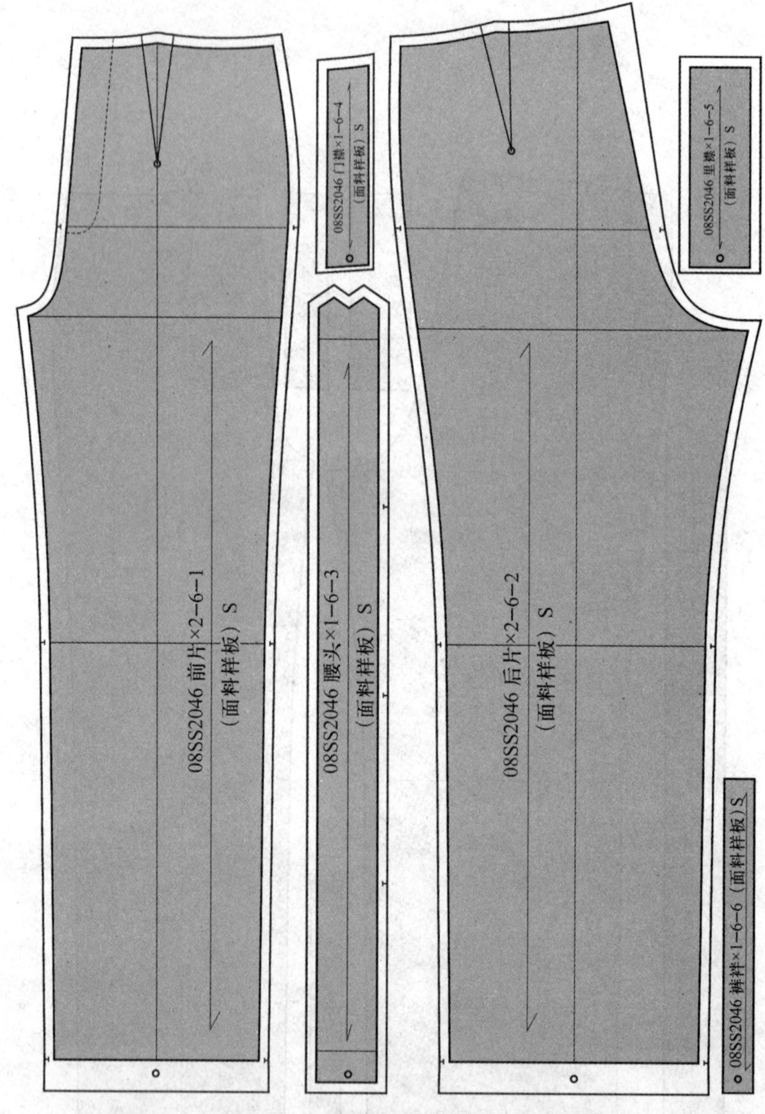

图 2-5　女西裤的面料样板放缝图

2. 实践操作

（1）参照图 2-3 独立完成女西裤的 1 : 1 结构制图。

（2）参照图 2-4、图 2-5，独立完成女西裤样板的制作。

3. 学习检验

引导问题

（1）为什么女西裤的前臀宽计算公式为 H/4-1，后臀宽计算公式为 H/4+1？其中 1 cm 的借量是否可变？

引导问题

（2）不同款式的裤子的裆深尺寸该如何设定？

引导问题

（3）女西裤的臀围线是如何设定的？当裆深发生变化时，是否还可以用这种方法设定？

引导问题

（4）女西裤的中裆线是如何设定的？还可用其他方法设定吗？说一说其他设定中裆线的方法。

引导问题

（5）女西裤的挺缝线是如何设定的？不同裤型的裤子，其挺缝线的设定方法是一样的吗？为什么？

引导问题

（6）一般情况下，裤子的总裆宽应如何设定？前小裆宽应如何设定？后大裆宽应如何设定？为什么？

引导问题

（7）一般情况下，长裤的脚口应如何设定？脚口的前后借量应如何设定？

引导问题

（8）为什么直筒裤的中裆比脚口宽 1 cm？

引导问题

（9）什么是落裆？一般情况下，裤子的落裆量是多少？

小贴士

后腰起翘是指后腰缝线在后裆缝上的抬高量，它与人体体型、裤子结构设计要求有密切的关系。后腰起翘是后裆缝拼接后腰口后裤子顺直的先决条件，它与后裆斜线的斜度成正比，即后裆斜线的斜度越大，后腰起翘越大。适合中国人体型的裤子后腰起翘一般为2.5 ~ 3 cm；适合欧美人体型的裤子后腰起翘一般为3 ~ 5 cm，有些甚至可以达到6 ~ 7 cm。

后裆斜线的斜度是指后裆上端的偏进量，它与腰臀差数的大小、后腰省量的大小、腰线的造型、裤子的整体造型等诸多因素有关。目前，常用的设定后裆斜线斜度的方法主要有两种，一是以挺缝线和后裆直线之间距离的中点为基础，通过小范围左右移动来调节后裆斜线的斜度；二是直接采用比值法，使用这两种方法制图，最终结果应该是一样的，如图 2-6 所示。

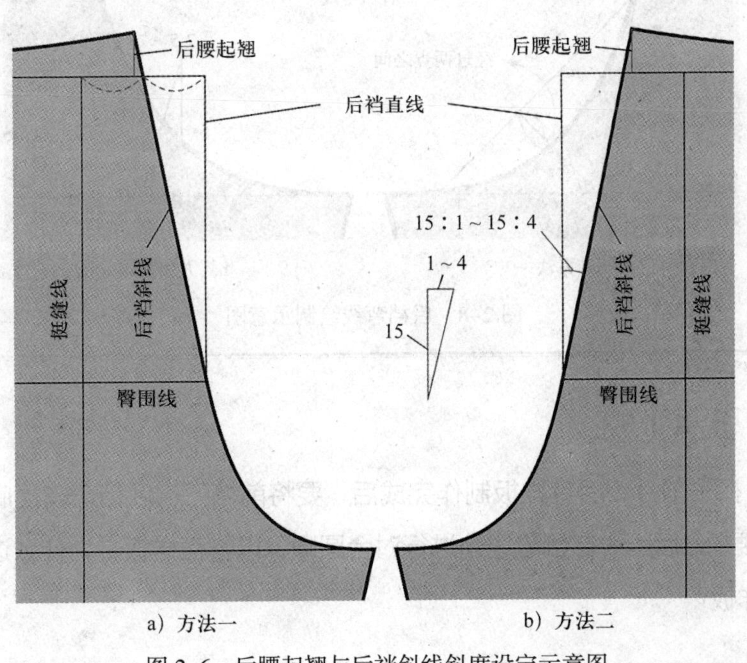

图 2-6　后腰起翘与后裆斜线斜度设定示意图

小贴士

对初学者来讲，前裆弯、后裆弯的制图方法是比较难掌握的，图 2–7、图 2–8 所示为两种画前裆弯线、后裆弯线的方法。

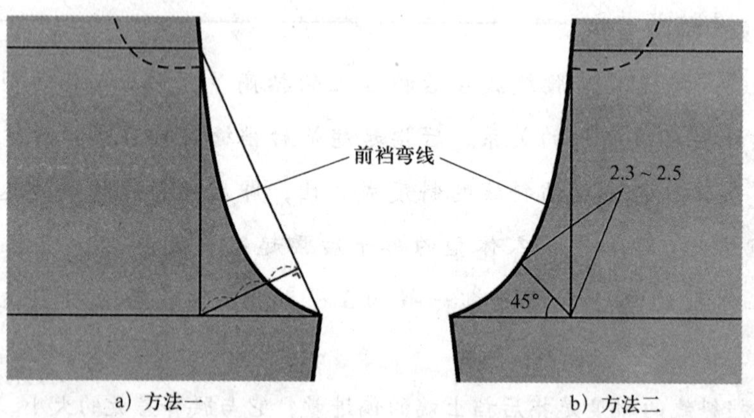

图 2–7　前裆弯线绘制示意图

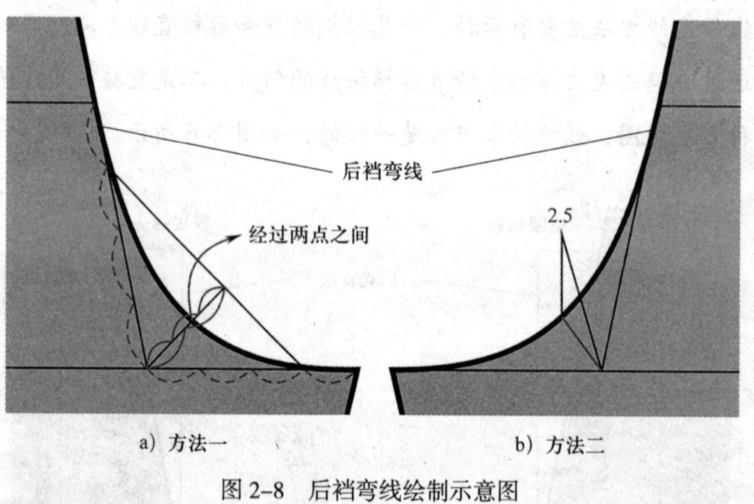

图 2–8　后裆弯线绘制示意图

引导问题

（10）裤子前片、后片样板制作完成后，要将前裆弯、后裆弯在裆底进行对合圆顺，前腰线、后腰线在侧缝线处进行对合圆顺，以修正样板，为什么这么做？应如何修正样板？

____

____

____

____

____

引导问题

（11）请写出图 2-9 所示裤子前片、后片各编号部位的名称。

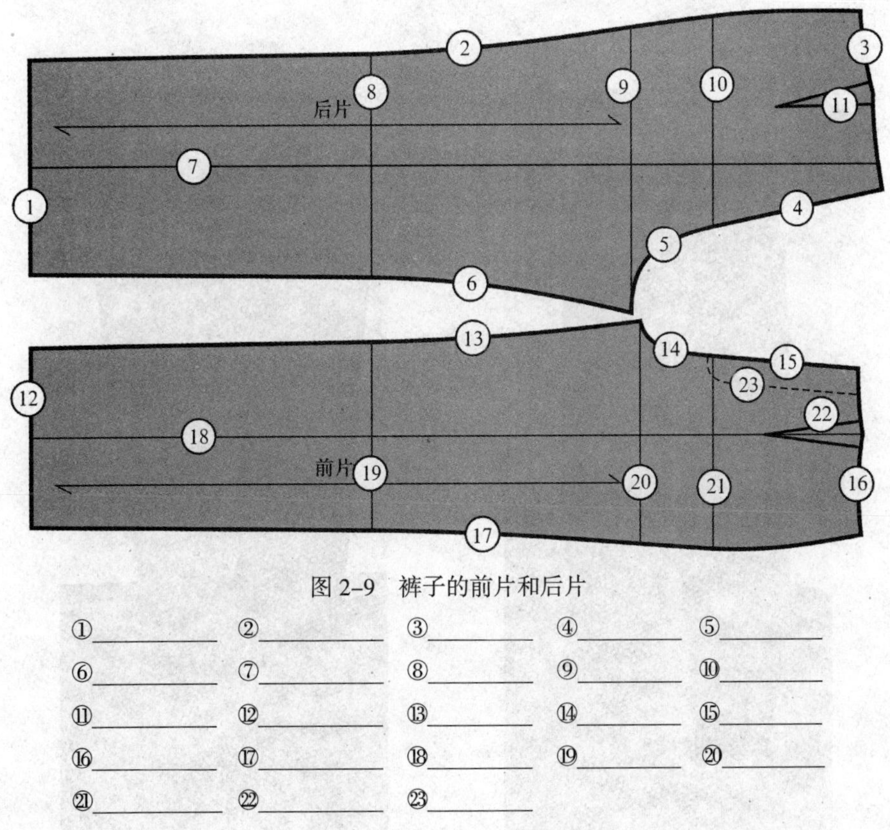

图 2-9　裤子的前片和后片

①__________ ②__________ ③__________ ④__________ ⑤__________

⑥__________ ⑦__________ ⑧__________ ⑨__________ ⑩__________

⑪__________ ⑫__________ ⑬__________ ⑭__________ ⑮__________

⑯__________ ⑰__________ ⑱__________ ⑲__________ ⑳__________

㉑__________ ㉒__________ ㉓__________

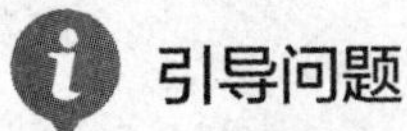

引导问题

（12）在教师的指导下，对照表 2-1，独立完成女西裤样衣的成品尺寸测量，并将测量结果填写在表 2-4 中，然后对照测量结果，将结构图和样板调整到位。

表 2-4　　女西裤样衣成品尺寸测量记录表　　单位：cm

号型	部位	裤长	腰围	臀围	裆深	脚口	腰宽
160/66A	成品规格	103	72	96	27	47	3
	测量尺寸						

世赛链接

图 2-10 所示为第 45 届世界技能大赛时装技术项目国家集训队选拔赛中参赛选手设计的裤子。

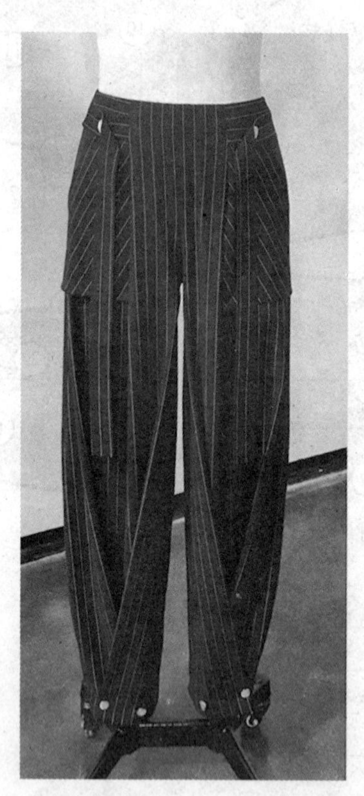

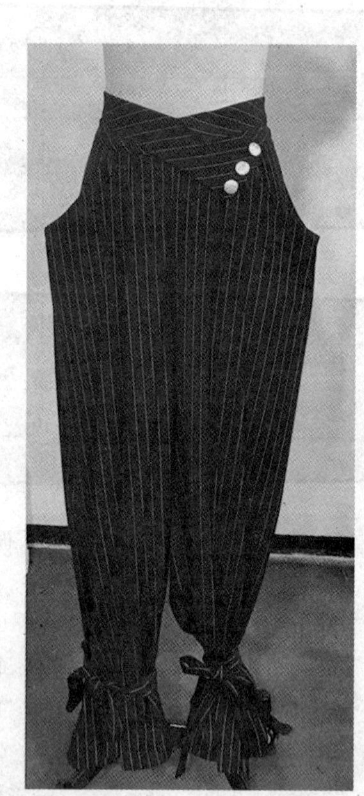

图 2-10　参赛选手设计的裤子

引导问题

（13）在全面核查的基础上，对女西裤的样板进行分类整理，并填写表 2-5。

表 2-5　　样板数量汇总表

名称	裁剪样板			工艺样板		
	面料样板	里料样板	衬料样板	修正样板	定位样板	定型样板
数量						

引导、评价、更正与完善

在教师讲评引导的基础上，对本阶段的学习活动成果进行自我评价和小组评价（100 分制），之后独立用红笔对本阶段引导问题的回答进行更正和完善。

项目	类别	分数	项目	类别	分数
个人自评分	关键能力		小组评分	关键能力	
	专业能力			专业能力	

（四）成果展示与评价反馈

1. 知识学习

学习展示的基本方法、评价的标准和方法。

小贴士

裤子的制图方法主要有两种：分开制图法和重叠制图法。本书中裤子制图采用分开制图法，为拓宽思路，这里对重叠制图法做一个简单的介绍。

重叠制图法的基本制图思路是：先制作裤子前片样板，然后在前片样板的基础上，通过增减、修改数据，制作其后片样板。

重叠制图法是实际生产过程中一种常用的制图方法，具有方便、快捷，便于修改、检验、核对等优点，适合有一定裤子制版经验的人采用。相比之下，分开制图法直观明了，易于理解，但采用它制图重复性工作较多，结构图尺寸与样板对合检验较为困难，比较适合初学者。

重叠制图法又可以分为两种：外侧缝线重叠制图法和挺缝线重叠制图法，如图 2-11 所示。

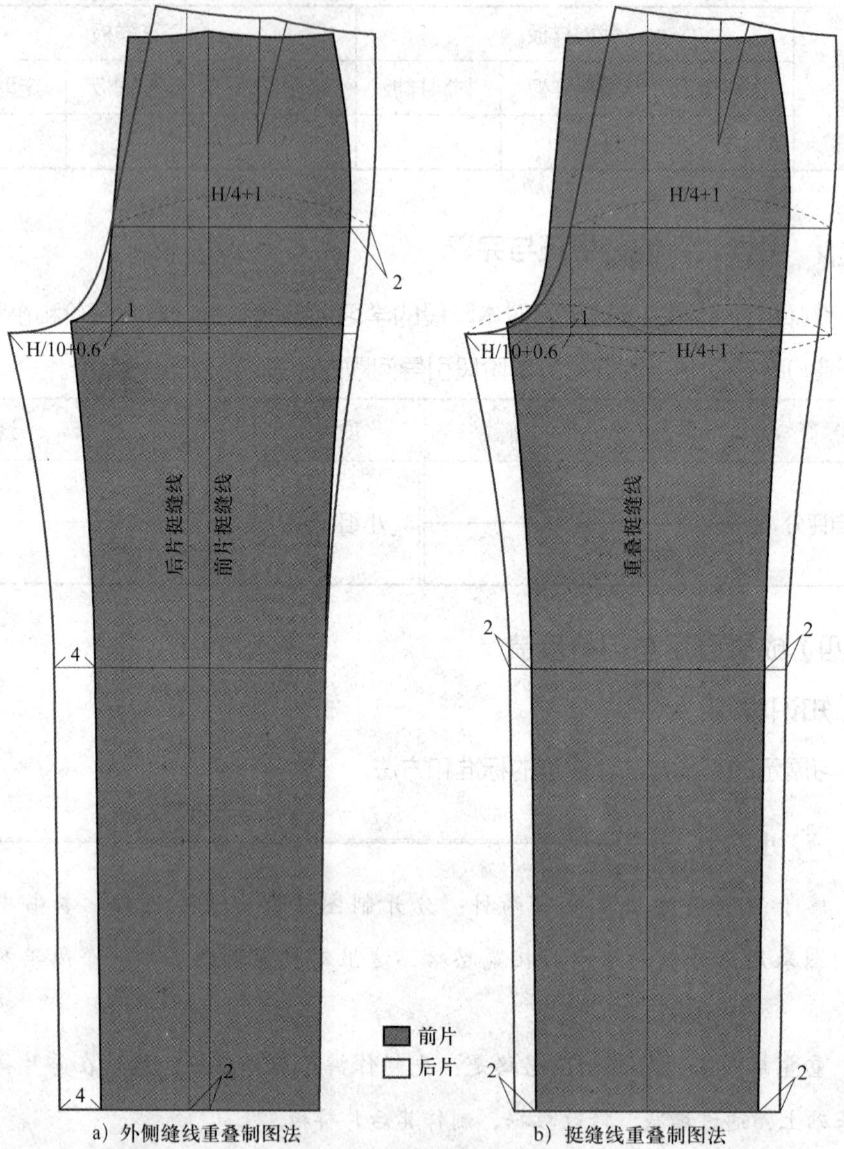

a）外侧缝线重叠制图法　　b）挺缝线重叠制图法

图 2–11　裤子重叠制图法

2. 技能训练

在教师的指导下，以小组为单位，展示已完成的女西裤样板成品。

3. 学习检验

（1）样板制作完成后，要对样板的质量进行检验，检验项目如下：

① 裁片的规格尺寸是否准确无误。

② 各部位的线条是否圆顺、流畅，相关结构线的大小、形状是否吻合。

③ 样板上的标记是否有错漏，丝绺标记是否有遗缺，文字说明是否准确。

④ 样板的数量（片数）是否正确，各种部件是否齐全。

⑤ 样板的整体结构、各部位的比例关系是否符合款式要求。

引导问题

（2）在教师的指导下，在小组内进行作品展示，然后经小组讨论，推选出一组最佳作品，进行全班展示与评价，并由组长简要介绍推选的理由，小组其他成员做补充并记录。

小组最佳作品制作人：________________

推选理由：____

____

其他小组评价意见：____

____

教师评价意见：____

____

引导问题

（3）将本次学习活动中出现的问题及其产生的原因和解决的办法填写在表 2-6 中。

表 2-6　问题分析表

出现的问题	产生的原因	解决的办法

自我评价

（4）将本次学习活动中自己最满意的地方和最不满意的地方各写两点，并简要说明原因。

最满意的地方：____

最不满意的地方：____

引导问题

（5）请同学们在教师的指导下，对本次学习活动进行综合评价，将相应的分值填在表 2-7 中。

表 2-7　　　　学习活动考核评价表

学习活动名称：女西裤样板制作

班级：　　　　学号：　　　　姓名：　　　　指导教师：

<table>
<tr><th rowspan="3">评价项目</th><th rowspan="3">评价标准</th><th rowspan="3">评价依据</th><th colspan="3">评价方式</th><th rowspan="3">权重</th><th rowspan="3">得分小计</th><th rowspan="3">总分</th></tr>
<tr><th>自我评价</th><th>小组评价</th><th>教师评价</th></tr>
<tr><th>10%</th><th>20%</th><th>70%</th></tr>
<tr><td>关键能力</td><td>1. 能穿戴劳保用品，执行安全生产操作规程
2. 能参与小组讨论，进行相互交流与评价
3. 能积极主动、勤学好问
4. 能清晰、准确表达
5. 能清扫场地，清理工作台，归置物品</td><td>1. 课堂表现
2. 工作页填写</td><td></td><td></td><td></td><td>40%</td><td></td><td rowspan="2"></td></tr>
<tr><td>专业能力</td><td>1. 能设定女西裤制版规格
2. 能制订女西裤样板制作计划，准备相关制图工具与材料，完成女西裤结构制图
3. 能正确拷贝轮廓线，依据女西裤款式特点和制作工艺要求，准确放缝，制作全套样板
4. 能按照样板制作技术规范，完成样板编号、标注、打孔、分类等工作
5. 能记录女西裤样板制作过程中的疑难点，并在教师的指导下，通过小组讨论或独立思考、实践解决</td><td>1. 课堂表现
2. 工作页填写
3. 提交的女西裤结构图
4. 提交的女西裤样板</td><td></td><td></td><td></td><td>60%</td><td></td></tr>
<tr><td>指导教师综合评价</td><td colspan="8">

指导教师签名：　　　　　　　　　　　　日期：</td></tr>
</table>

三、学习拓展

说明：本阶段学习拓展建议课时为 12 课时，要求学生在课后独立完成。教师可根据本校的教学需要和学生的实际情况，选择部分或全部内容进行实践，也可另行选择相关拓展内容，亦可不实施本学习拓展，将其所需课时用于学习过程阶段实践内容的强化。

拓展 1

请参照表 2-8 和图 2-12，独立完成喇叭裤结构制图和样板制作。

表 2-8　　喇叭裤成品规格表　　单位：cm

尺码	裤长	腰围	臀围	裆深	脚口
M	104	74	96	23.75	52

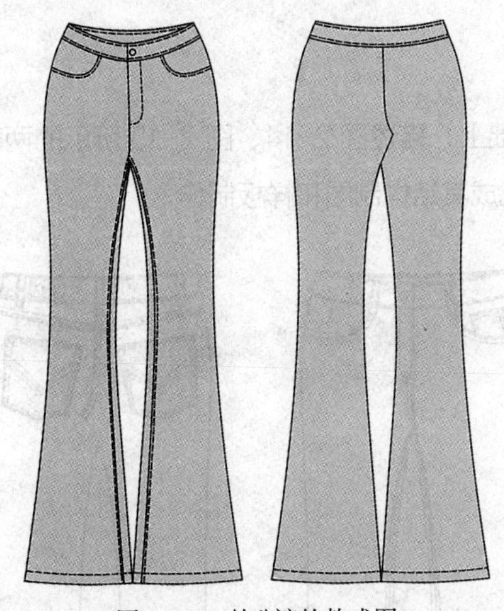

图 2-12　喇叭裤的款式图

拓展 2

图 2-13 所示为第 45 届世界技能大赛时装技术项目国家集训队选拔赛中参赛选手的作品，请参照表 2-9 和图 2-13，独立完成不对称时装裤的结构制图和样板制作。

表 2-9　　不对称时装裤成品规格表　　单位：cm

尺码	裤长	腰围	臀围	裆深	脚口
M	101	72	94+14	27	36

图 2–13　不对称时装裤的款式图

拓展 3

在小组讨论的基础上，描述图 2–14、图 2–15 所示的两款牛仔裤的款式特征，并设定其成品规格，完成其结构制图和样板制作。

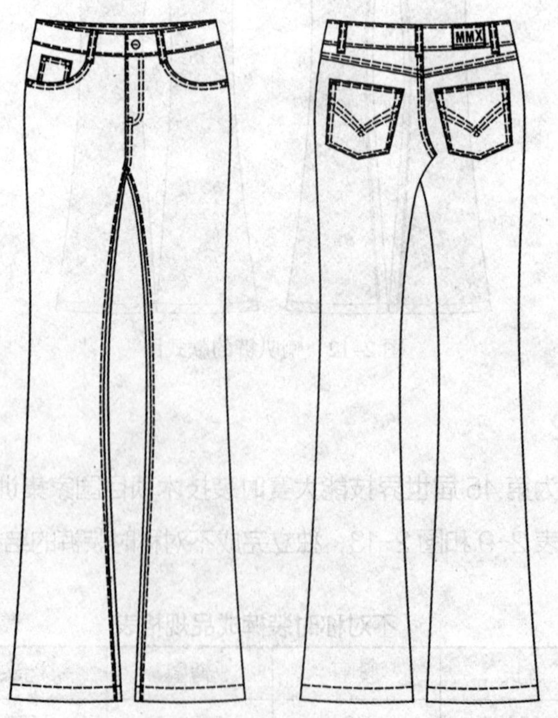

图 2–14　牛仔裤款式图 1

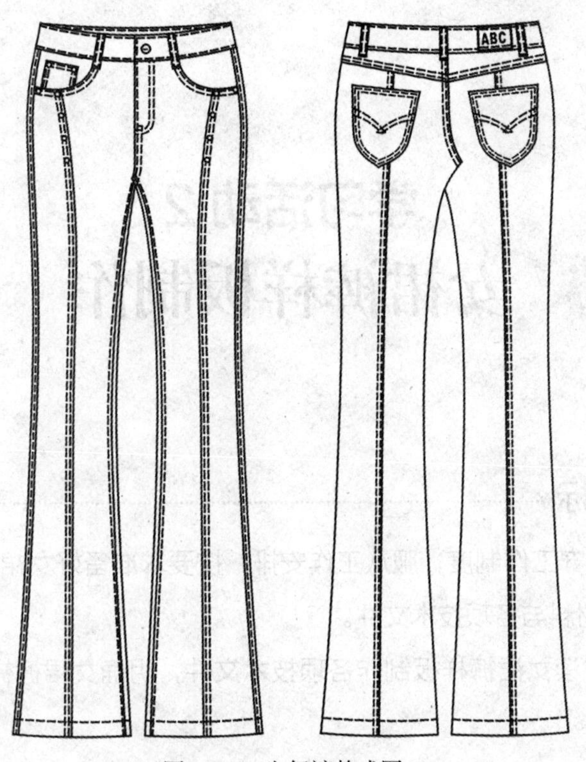

图 2-15　牛仔裤款式图 2

拓展 4

调研今年流行的裤装式样，分析其款式特点、结构设计的方法，并将新颖、别致、巧妙、有创意的设计理念记录下来。

学习活动 2 女裙裤样板制作

学习目标

1. 能严格遵守工作制度，服从工作安排，按要求准备好女裙裤样板制作所需的工具、设备、材料与各项技术文件。

2. 能正确识读女裙裤样板制作各项技术文件，明确女裙裤样板制作的流程、方法和注意事项。

3. 能查阅相关技术资料，制订女裙裤样板制作计划，并在教师的指导下，通过小组讨论做出决策。

4. 能依据世界技能大赛标准及相关技术文件要求，结合女裙裤样板结构制图规范，独立完成女裙裤样板制作、检查与复核工作。

5. 能对照世界技能大赛标准及相关技术文件，独立完成女裙裤样衣的成品尺寸测量，并依据测量结果，将女裙裤样板修改、调整到位。

6. 能记录女裙裤样板制作过程中的疑难点，通过小组讨论、合作探究或在教师的指导下，提出较为合理的解决办法。

7. 能展示、评价女裙裤样板制作各阶段成果，并根据评价结果，做出相应的反馈。

一、学习准备

1. 服装打版一体化教室、打版桌、排料台、服装 CAD 打版系统、样板制作工具。

2. 安全生产操作规程、女裙裤生产工艺单（见表 2-10）、女裙裤样板制作相关学习材料。

表 2-10　女裙裤生产工艺单

<table>
<tr><th>款式名称</th><th colspan="5">女裙裤</th></tr>
<tr><td>款式图与
款式说明</td><td colspan="4">款式图</td><td>款式说明：
外形呈喇叭形，装直腰头，前中门襟、里襟装拉链，腰头钉扣，前裤片、后裤片左、右各收1个省</td></tr>
<tr><td rowspan="2">成品规格</td><td>号型</td><td>裤长</td><td>腰围</td><td>臀围</td><td>裆深</td></tr>
<tr><td>165/72A</td><td>60 cm</td><td>72 cm</td><td>100 cm</td><td>28 cm</td></tr>
<tr><td>制版工艺
要求</td><td colspan="5">1. 样板设计充分考虑款式特征、面料特性和工艺要求
2. 样板结构合理，尺寸符合规格要求，对合部位长短一致
3. 结构图干净整洁，标注清晰规范
4. 辅助线、轮廓线界定清晰，线条平滑、圆顺、流畅
5. 样板类型齐全、数量准确、标注规范
6. 省、褶、剪口、钻孔等位置正确，标记齐全，放缝量、折边量符合要求
7. 样板轮廓光滑、顺畅，无毛刺
8. 结构图与样板校验无误</td></tr>
<tr><td>制作工艺
要求</td><td colspan="5">1. 缝制采用 14 号机针，线迹密度为 14 ～ 16 针 /3 cm，线迹松紧适度
2. 尺寸规格达到要求，裤长、腰围、臀围误差小于 1 cm，裆深误差小于 0.5 cm
3. 腰头顺直，宽窄一致，里外平服，不起涟、不起皱、不反吐
4. 省尖无酒窝，省缝熨烫平服、倒向一致、左右对称，无歪斜、无吃皱
5. 门襟、里襟长短一致，拉链无外露，门襟压线平服、宽窄一致
6. 前裆缝、后裆缝、下裆缝无双轨线，裆底十字缝对齐
7. 里外光洁，无线头
8. 锁眼、钉扣符合要求
9. 熨烫平服，挺缝线顺直，无烫黄、变色，无水渍、污渍，无破损
10. 整洁、美观</td></tr>
<tr><td>制作流程</td><td colspan="5">核对样板→裁剪→核对裁片、做标记→拷边→小烫衣片、烫腰衬→缉前省、后省→合侧缝→合下裆缝→合前裆缝、后裆缝→装门襟、里襟和拉链→封门襟→做、装腰头→手针收脚口→锁眼、钉扣→整烫、整理→质量检验</td></tr>
<tr><td>备注</td><td colspan="5"></td></tr>
</table>

3. 分成学习小组（每组 5 ~ 6 人，以英文大写字母编号），将分组信息填写在表 2-11 中。

表 2-11　　　　　　　　小组编号表

组号	组内成员及编号	组长姓名及编号	本人姓名及编号

二、学习过程

（一）明确工作任务、获取相关信息

1. 知识学习

小贴士

裙裤制作可以理解为在裙子制作的基础上增加裤裆的结构，也可以理解为在裤子制作的基础上增宽裤腿。裙裤制作时，追求裙裤的腰臀部位像裙子一样合体。在制版时，要根据裙裤造型特点合理设定裆深、裆宽。裙裤的裆深、裆宽比常规裤子的要大，以大于人体腹臀厚度为宜。

按裤裆结构不同，裙裤可分裙裤和裤裙两种。

按裙摆宽度不同，裙裤可分为基本型裙裤、A 字形裙裤、斜形裙裤、半圆形裙裤和整圆形裙裤。

无论结构和造型怎么变化，裙裤的内缝线必须保持相对稳定，其造型变化的主要空间在裤腿外侧。

另外，裙裤保留着裤子的横裆结构，其臀围放松量随下摆围的变化而变化。裙裤横裆的尺寸比裤子横裆的大。裙裤下摆围增大，其臀围放松量也增大，横裆如需适当加宽，直裆也要适当加深。横裆窄、直裆浅对裙裤外形的牵制大，横裆窄、直裆浅的裙裤的外形会更接近裤子的外形，腰、臀、裆造型明显；反之，裙裤的外形就越接近裙子的外形，腰、臀、裆造型不明显。

2. 学习检验

(1) 在教师的引导下，独立完成表 2-12 的填写。

表 2-12　　学习任务与学习活动简要归纳表

本次学习任务的名称	
本次学习任务的内容	
本次学习任务的主要目标	
女裙裤制版的工艺要求	
女裙裤制作的工艺要求	
你认为本次学习活动中，哪些目标的实现难度较大	

引导问题

(2) 裤子和裙子的最大区别是什么？

____

____

____

____

引导问题

(3) 图 2-16 所示为裙裤和裤裙的基本结构示意图，请判断哪一个是裙裤的基本结构，哪一个是裤裙的基本结构，并说明原因。

____

____

____

____

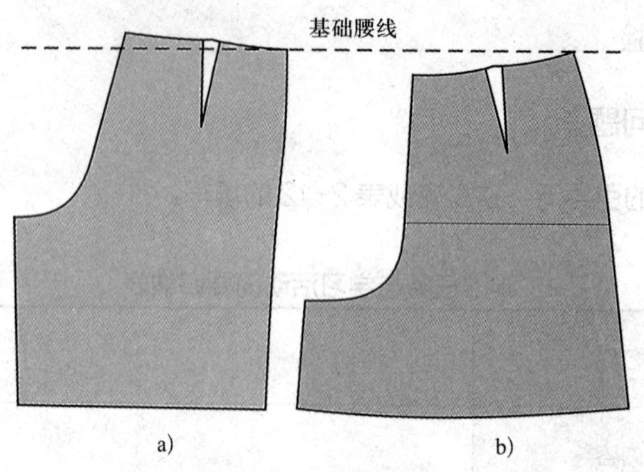

图 2-16　裙裤与裤裙基本结构示意图

引导问题

（4）图 2-17 所示为裙裤与裤裙侧面造型示意图，请判断哪一个是裙裤的侧面造型，哪一个是裤裙的侧面造型，并说明原因。

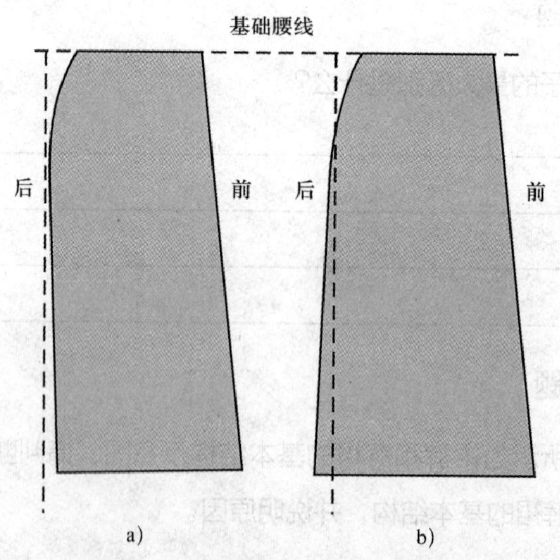

图 2-17　裙裤与裤裙侧面造型示意图

引导问题

（5）裙裤和裤裙的主要区别是什么？请从结构和造型两个方面来回答。

引导、评价、更正与完善

在教师讲评引导的基础上，对本阶段的学习活动成果进行自我评价和小组评价（100 分制），之后独立用红笔对本阶段引导问题的回答进行更正和完善。

项目	类别	分数	项目	类别	分数
个人自评分	关键能力		小组评分	关键能力	
	专业能力			专业能力	

（二）制订女裙裤样板制作计划并决策

1. 知识学习

学习制订计划的基本方法、内容和注意事项。

计划制订参考意见：整个工作的内容和目标是什么？整个工作分几步实施？工作过程中要注意什么？小组成员之间应如何配合？出现问题应如何处理？

2. 学习检验

引导问题

（1）请简要写出你们小组的计划。

引导问题

（2）你在制订计划的过程中承担了什么工作？有什么体会？

引导问题

（3）教师对小组的计划给出了什么修改建议？为什么？

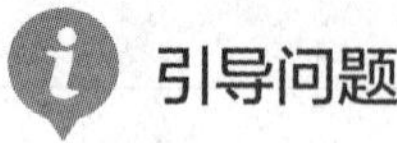

（4）你认为计划中哪些地方比较难实施？为什么？你有什么想法？

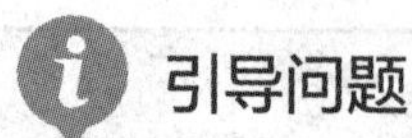

（5）小组最终做出了什么决定？如何做出的？

引导、评价、更正与完善

在教师讲评引导的基础上，对本阶段的学习活动成果进行自我评价和小组评价（100 分制），之后独立用红笔对本阶段引导问题的回答进行更正和完善。

项目	类别	分数	项目	类别	分数
个人自评分	关键能力		小组评分	关键能力	
	专业能力			专业能力	

（三）女裙裤样板制作与检验

1. 知识学习

引导问题

（1）请在教师的指导下，依据表 2-10，通过小组讨论，设定女裙裤的制版规格，并将其填写在表 2-13 中。

表 2-13　女裙裤制版规格设定表　单位：cm

部位	裤长	腰围	臀围	裆深
成品规格	60	72	100	28
制版规格				

 训练

（2）请同学们参照图 2–18、图 2–19，在教师的指导下，独立完成女裙裤结构图的绘制和检验，然后通过小组讨论，回答下列问题。

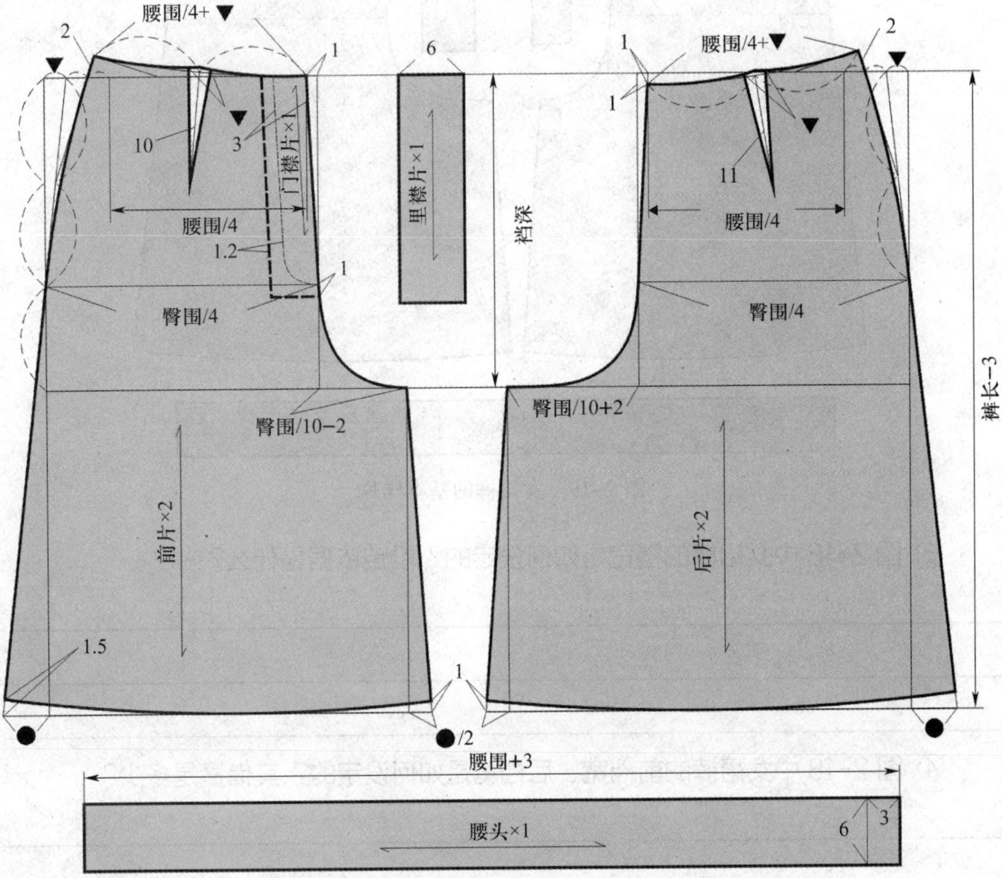

图 2–18 女裙裤结构图

① 图 2–18 所示的女裙裤结构图是以裙子基本结构为基础进行设计的，还是以裤子基本结构为基础进行设计的？为什么？

____

____

② 设定女裙裤裆宽和裆深的方法与设定女西裤裆宽和裆深的方法有什么区别？

____

____

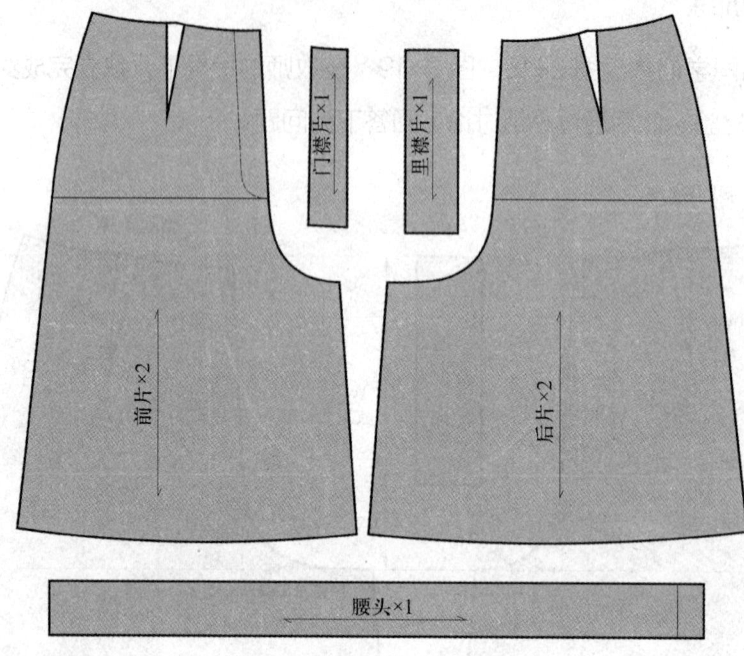

图 2–19　女裙裤的基本样片

③ 图 2-18 中女裙裤的裆宽是如何设定的？设定依据是什么？

④ 图 2-18 中女裙裤的前裆宽、后裆宽是如何设定的？其借量是多少？

⑤ 为什么裙裤的裆弯明显大于常规裤子的？

⑥ 为什么裙裤的腰线在省口位置要做圆顺处理？如何做？

2. 实践操作

请同学们在教师的指导下，独立完成女裙裤的样板提取、标注和检验，然后通过小组讨论，回答下列问题。

引导问题

请对照加缝情况介绍，在图 2-20 中标出各边缝份的宽度。

（1）女裙裤所有样板的具体加缝情况如下：

① 前片、后片脚口加 3 cm 缝份，其他各边加 1 cm 缝份，在脚口线、侧缝线和下裆缝线的交点部位，将工艺样板上的对位点打到裁剪样板上，腰省线顺延至毛缝，打剪口。

② 腰头一周加 1 cm 缝份，并标注后腰中点与侧缝的对位点。

③ 门襟、里襟底边加 0.5 cm 缝份，其他各边加 1 cm 缝份。

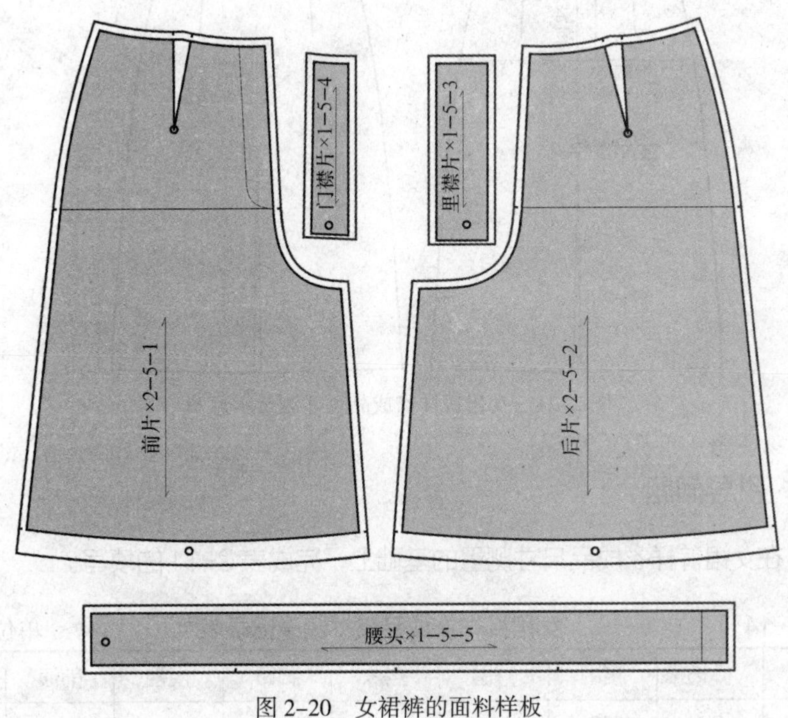

图 2-20　女裙裤的面料样板

引导问题

（2）请写出腰头面料样板上需标注的项目，并解释其含义。

____

____

（3）在图 2-20 所示的面料样板上，还应标注哪些项目？

---

3. 学习检验

请同学们在教师的指导下，对照表 2-10 和图 2-21，独立完成女裙裤样衣的成品尺寸测量，对照测量结果，调整女裙裤结构图和样板，并做好相关记录，然后通过小组讨论，回答下列问题。

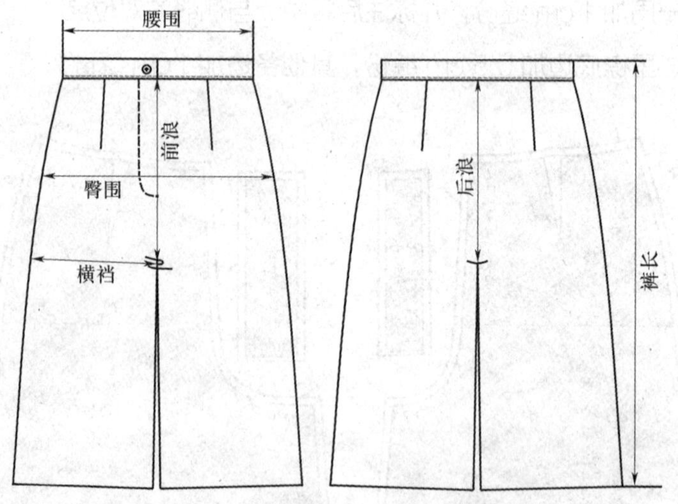

图 2-21　女裙裤样衣成品尺寸测量示意图

引导问题

（1）在女裙裤样衣成品尺寸测量的基础上，完成表 2-14 的填写。

表 2-14　女裙裤样衣成品尺寸测量记录表　单位：cm

项目	裤长	腰围	臀围	裆深	脚口	横裆	前浪	后浪
成品规格	60	72	100	28	—	—	—	—
测量尺寸								

引导问题

（2）在女裙裤样衣成品尺寸测量时，前浪、后浪和横裆是必测的部位，请问前浪、后浪和横裆分别指样板上的哪个部位？

引导问题

（3）女裙裤样衣横裆尺寸符合成品规格，若前浪尺寸比成品规格长了 1 cm，后浪尺寸比成品规格短了 1 cm，此时该如何处理？

在教师讲评引导的基础上，对本阶段的学习活动成果进行自我评价和小组评价（100 分制），之后独立用红笔对本阶段引导问题的回答进行更正和完善。

项目	类别	分数	项目	类别	分数
个人自评分	关键能力		小组评分	关键能力	
	专业能力			专业能力	

（四）成果展示与评价反馈

1. 知识学习

学习展示的基本方法、评价的标准和方法。

2. 技能训练

在教师的指导下，以小组为单位，展示已完成的女裙裤样板成品。

3. 学习检验

引导问题

（1）样板制作完成后，要对样板的质量进行检验，检验项目如下：

① 裁片的规格尺寸是否准确无误。

② 各部位的线条是否圆顺、流畅，相关结构线的大小、形状是否吻合。

③ 样板上的标记是否有错漏，丝绺标记是否有遗缺，文字说明是否准确。

④ 样板的数量（片数）是否正确，各种部件是否齐全。

⑤ 样板的整体结构、各部位的比例关系是否符合款式要求。

引导问题

（2）在教师的指导下，在小组内进行作品展示，然后经小组讨论，推选出一组最佳作品，进行全班展示与评价，并由组长简要介绍推选的理由，小组其他成员做补充并记录。

小组最佳作品制作人：________________

推选理由：____

____

其他小组评价意见：____

____

教师评价意见：____

____

引导问题

（3）将本次学习活动中出现的问题及其产生的原因和解决的办法填写在表 2-15 中。

表 2-15　　问题分析表

出现的问题	产生的原因	解决的办法

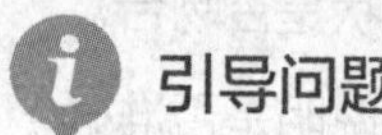

自我评价

（4）将本次学习活动中自己最满意的地方和最不满意的地方各写两点，并简要说明原因。

最满意的地方：____

最不满意的地方：____

引导问题

（5）请同学们在教师的指导下，对本次学习活动进行综合评价，将相应的分值填在表 2-16 中。

表 2-16　　　　　　　　学习活动考核评价表

学习活动名称：女裙裤样板制作

班级：　　　　　　学号：　　　　　　姓名：　　　　　　指导教师：

评价项目	评价标准	评价依据	评价方式			权重	得分小计	总分
			自我评价	小组评价	教师评价			
			10%	20%	70%			
关键能力	1. 能穿戴劳保用品，执行安全生产操作规程 2. 能参与小组讨论，进行相互交流与评价 3. 能积极主动、勤学好问 4. 能清晰、准确表达 5. 能清扫场地，清理工作台，归置物品	1. 课堂表现 2. 工作页填写				40%		
专业能力	1. 能设定女裙裤制版规格 2. 能制订女裙裤样板制作计划，准备相关制图工具与材料，完成女裙裤结构制图 3. 能正确拷贝轮廓线，依据女裙裤款式特点和制作工艺要求，准确放缝，制作全套样板 4. 能按照样板制作技术规范，完成样板编号、标注、打孔、分类等工作 5. 能记录女裙裤样板制作过程中的疑难点，并在教师的指导下，通过小组讨论或独立思考、实践解决	1. 课堂表现 2. 工作页填写 3. 提交的女裙裤结构图 4. 提交的女裙裤样板				60%		
指导教师综合评价	指导教师签名：　　　　　　　　　　日期：							

三、学习拓展

说明：本阶段学习拓展建议课时为 4 课时，要求学生在课后独立完成。教师可根据本校的教学需要和学生的实际情况，选择部分或全部内容进行实践，也可另行选择相关拓展内容，亦可不实施本学习拓展，将其所需课时用于学习过程阶段实践内容的强化。

拓展 1

请描述图 2–22 所示的斜袋式裙裤的款式特征，并参照图 2–23 和表 2–17，独立完成该款斜袋式裙裤的结构制图和样板制作。

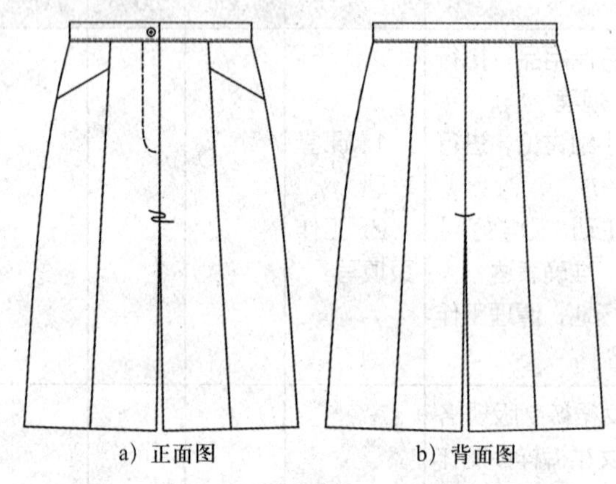

图 2–22　斜袋式裙裤款式图

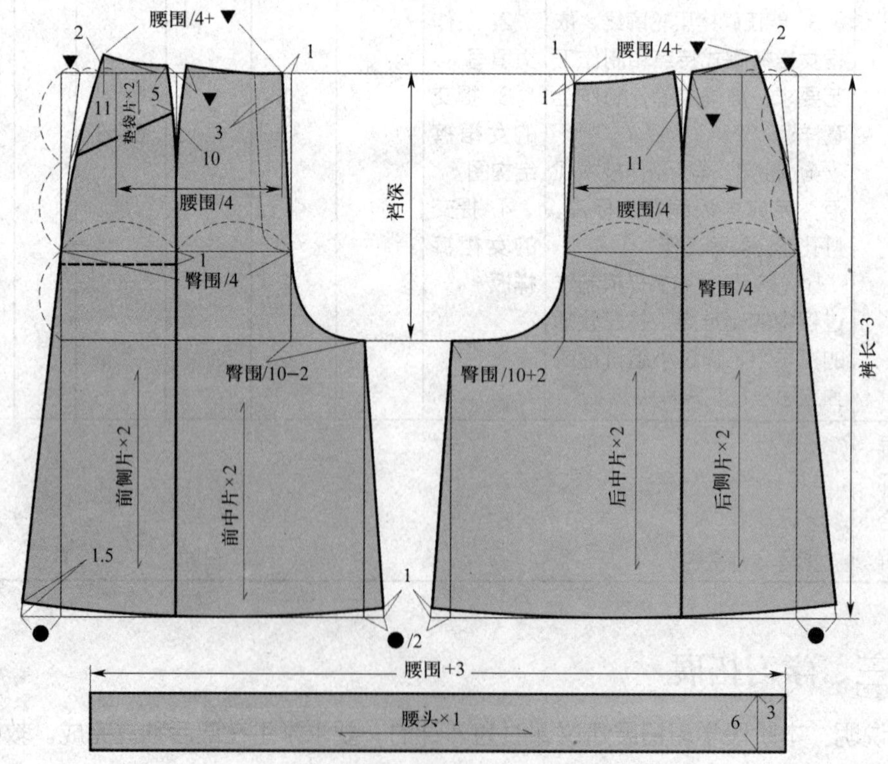

图 2–23　斜袋式裙裤的结构图

表 2-17　　斜袋式裙裤成品规格表　　单位：cm

号型	裤长	腰围	臀围	裆深
165/72A	60	72	100	28

拓展 2

请描述图 2-24 所示的水桶式裤裙的款式特征，并参照图 2-25 和表 2-18，独立完成该款水桶式裤裙的结构制图和样板制作。

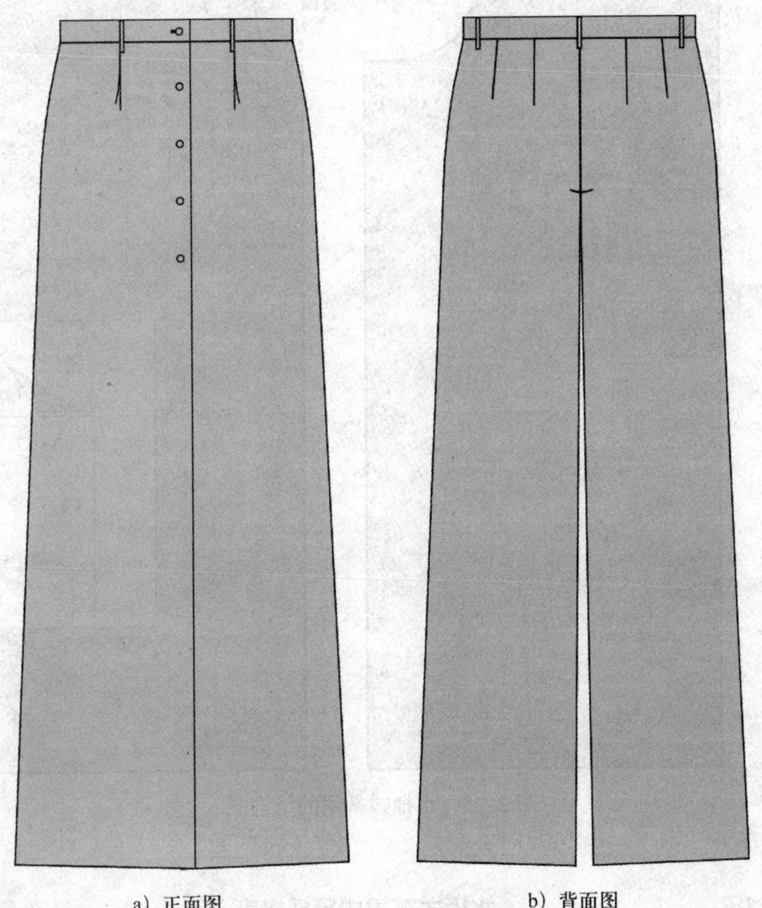

a）正面图　　b）背面图

图 2-24　水桶式裤裙款式图

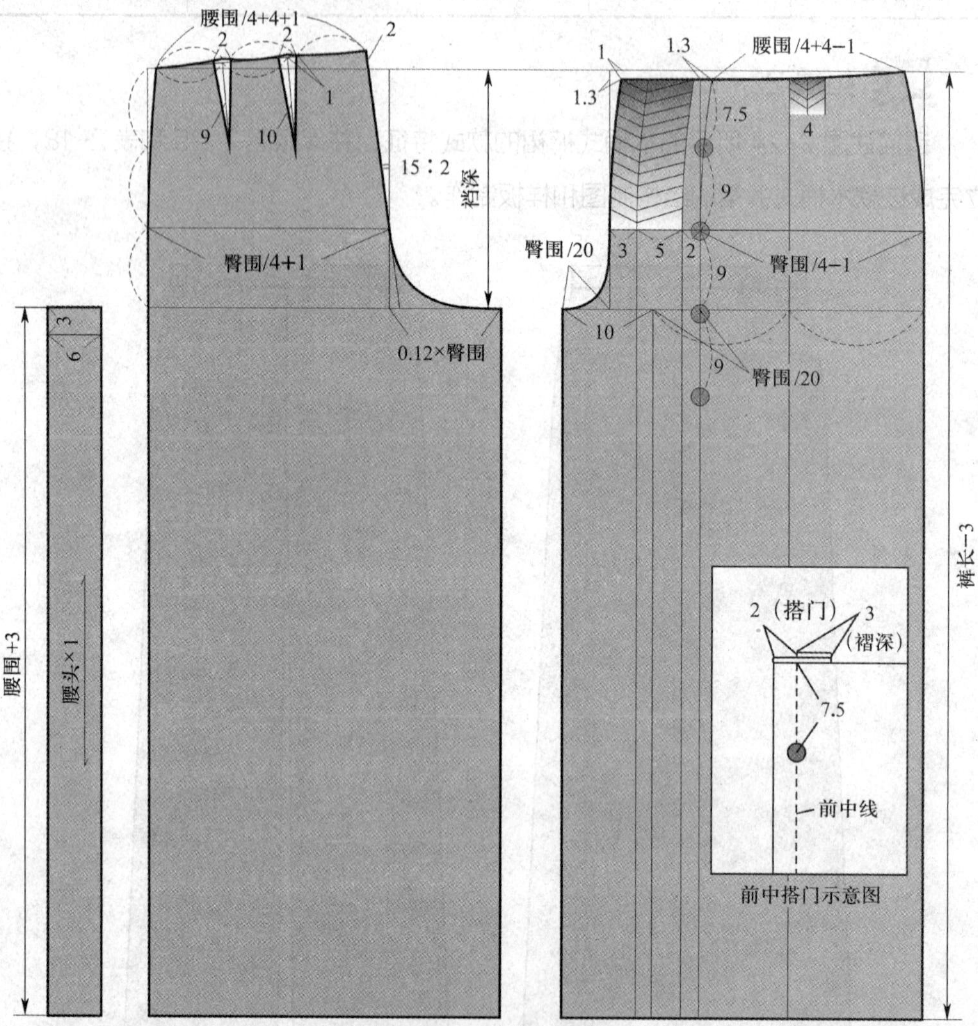

图 2-25　水桶式裤裙的结构图

表 2-18　　水桶式裤裙成品规格表　　单位：cm

号型	裤长	腰围	臀围	裆深
165/72A	103	74	104	26

拓展 3

图 2-26 所示为在第 45 届世界技能大赛时装技术项目国家集训队选拔赛中参赛选手设计的裤裙。请描述该款裤裙的款式特征，并设定其成品规格，独立完成该款裤裙的结构制图和样板制作。

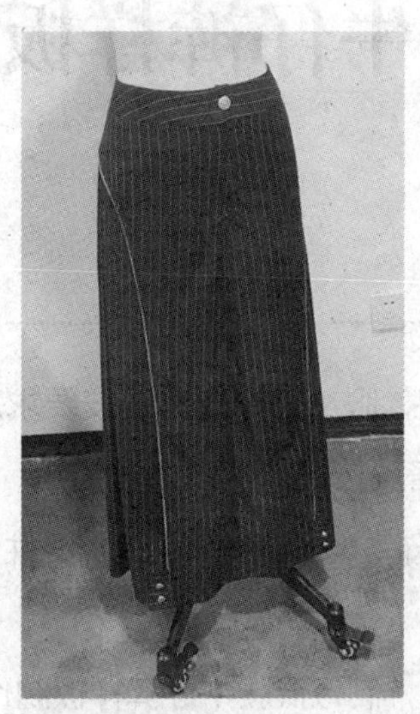

图 2–26　参赛选手设计的裤裙

学习活动 3
低腰牛仔裤样板制作

学习目标

1. 能严格遵守工作制度，服从工作安排，按要求准备好低腰牛仔裤样板制作所需的工具、设备、材料与各项技术文件。

2. 能正确识读低腰牛仔裤样板制作各项技术文件，明确低腰牛仔裤样板制作的流程、方法和注意事项。

3. 能查阅相关技术资料，制订低腰牛仔裤样板制作计划，并在教师的指导下，通过小组讨论做出决策。

4. 能依据世界技能大赛标准及相关技术文件要求，结合低腰牛仔裤结构制图规范，独立完成低腰牛仔裤样板制作、检查与复核工作。

5. 能对照世界技能大赛标准及相关技术文件，独立完成低腰牛仔裤样衣的成品尺寸测量，并依据测量结果，将低腰牛仔裤样板修改、调整到位。

6. 能记录低腰牛仔裤样板制作过程中的疑难点，通过小组讨论、合作探究或在教师的指导下，提出较为合理的解决办法。

7. 能展示、评价低腰牛仔裤样板制作各阶段成果，并根据评价结果，做出相应的反馈。

一、学习准备

1. 服装打版一体化教室、打版桌、排料台、服装 CAD 打版系统、样板制作工具。

2. 安全生产操作规程、低腰牛仔裤生产工艺单（见表 2-19）、低腰牛仔裤样板制作相关学习材料。

表 2-19　　　　低腰牛仔裤生产工艺单

<table>
<tr><td>款式名称</td><td colspan="7">低腰牛仔裤</td></tr>
<tr><td>款式图与
款式说明</td><td colspan="4"> 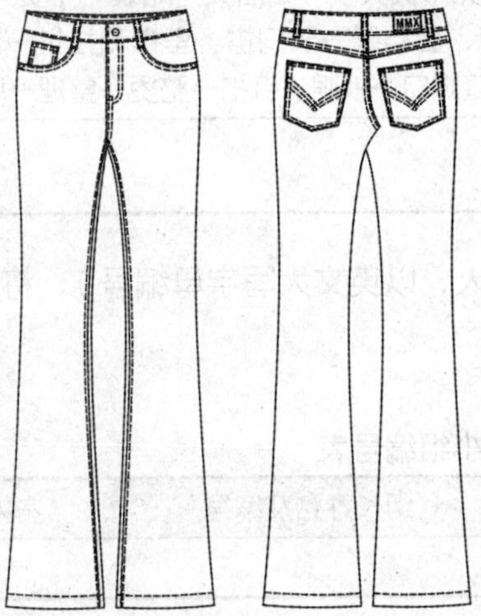款式图</td><td colspan="3">款式说明：
裤腿呈喇叭状，装弧线低腰头，装5根裤袢，前中门襟、里襟装拉链，前身装2个弯插袋，前身右侧弯插袋里边缉小方贴袋，后身装拼接育克（机头）、装尖方贴袋，贴袋上缉造型线，前裆缝、后裆缝、下裆缝缉双轨线</td></tr>
<tr><td rowspan="2">成品规格</td><td>号型</td><td>裤长</td><td>腰围</td><td>臀围</td><td>裆深</td><td>脚口</td><td>腰宽</td></tr>
<tr><td>160/66A</td><td>104 cm</td><td>74 cm</td><td>96 cm</td><td>19 cm</td><td>42 cm</td><td>3 cm</td></tr>
<tr><td>制版工艺
要求</td><td colspan="7">1. 样板设计充分考虑款式特征、面料特性和工艺要求
2. 样板结构合理，尺寸符合规格要求，对合部位长短一致
3. 结构图干净整洁，标注清晰规范
4. 辅助线、轮廓线界定清晰，线条平滑、圆顺、流畅
5. 样板类型齐全、数量准确、标注规范
6. 省、褶、剪口、钻孔等位置正确，标记齐全，放缝量、折边量符合要求
7. 样板轮廓光滑、顺畅，无毛刺
8. 结构图与样板校验无误</td></tr>
<tr><td>制作工艺
要求</td><td colspan="7">1. 缝制采用 16 ~ 18 号机针，线迹密度为 12 ~ 14 针 /3 cm，线迹松紧适度
2. 尺寸规格达到要求，裤长、腰围、臀围误差小于 1 cm，裆深、脚口误差小于 0.5 cm，腰宽误差为 0
3. 裤腰顺直，宽窄一致，里外平服，不起涟、不起皱、不反吐
4. 育克（机头）熨烫平服，左右对称，无歪斜、无吃皱
5. 弯插袋裤兜深浅适宜，长度一致、左右对称；贴袋平整，缉线均匀顺直，大小适合，左右对称
6. 门襟、里襟长短一致，拉链无外露，门襟压线平服、宽窄一致
7. 前裆缝、后裆缝、下裆缝缉双轨线，裆底十字缝对齐
8. 里外光洁，无线头
9. 锁眼、钉扣符合要求
10. 熨烫平服，挺缝线顺直，无烫黄、变色，无水渍、污渍，无破损
11. 整洁、美观</td></tr>
</table>

续表

制作流程	核对样板→裁剪→核对裁片、做标记→拷边→小烫衣片、烫腰衬→做前弯插袋、小方贴袋→拼接育克（机头）→缉后尖方贴袋→中烫→合侧缝→合下裆缝→烫挺缝线→合前裆缝、后裆缝→装门襟、里襟和拉链→封门襟→做裤袢、裤腰→装裤腰、裤袢→缉缝脚口→锁眼、钉扣→整烫、整理→质量检验
备注	

3. 分成学习小组（每组 5 ~ 6 人，以英文大写字母编号），将分组信息填写在表 2-20 中。

表 2-20　　小组编号表

组号	组内成员及编号	组长姓名及编号	本人姓名及编号

二、学习过程

（一）明确工作任务、获取相关信息

1. 知识学习

小贴士

改变裤子腰线是改变裤子款式的重要手段之一，腰线可分为高腰线、正常腰线、低腰线、超低腰线等，如图 2-27 所示。

高腰线一般高出正常腰线 3 cm 或以上，正常腰线就是指人腰部最细的地方，大约与人的肚脐齐平，低腰线低于正常腰线 3 cm 或以上，超低腰线一般低于正常腰线 3 ~ 8 cm。

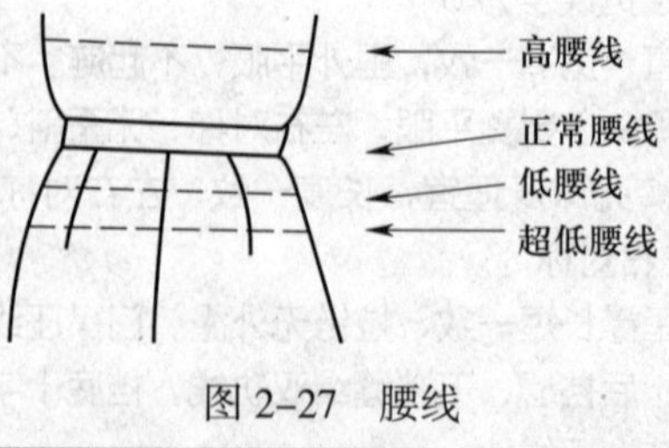

图 2-27　腰线

引导问题

（1）一般情况下，牛仔裤的腰围和臀围的放松量各为多少？

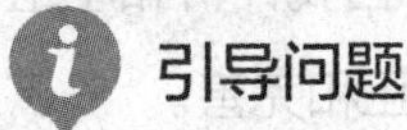

引导问题

（2）一般情况下，在女式喇叭裤的前面腰部不设计裥，直筒裤的前面腰部设计 1 ~ 2 个裥，锥裤的前面腰部设计 2 ~ 3 个裥，甚至更多，请问这样做的原因是什么？

引导问题

（3）裤子的裤裆弯线、横裆和脚口之间是相互牵制的。当裤子的脚口尺寸变小时，其横裆尺寸应如何变化？其裤裆弯线应如何变化？

2. 学习检验

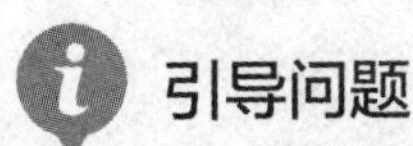

引导问题

在教师的引导下，独立完成表 2-21 的填写。

表 2-21　　学习任务与学习活动简要归纳表

本次学习任务的名称	
本次学习任务的内容	
本次学习任务的主要目标	
低腰牛仔裤制版的工艺要求	
低腰牛仔裤制作的工艺要求	
你认为本次学习活动中，哪些目标的实现难度较大	

引导、评价、更正与完善

在教师讲评引导的基础上，对本阶段的学习活动成果进行自我评价和小组评价（100 分制），之后独立用红笔对本阶段引导问题的回答进行更正和完善。

项目	类别	分数	项目	类别	分数
个人自评分	关键能力		小组评分	关键能力	
	专业能力			专业能力	

（二）制订低腰牛仔裤样板制作计划并决策

1. 知识学习

学习制订计划的基本方法、内容和注意事项。

计划制订参考意见：整个工作的内容和目标是什么？整个工作分几步实施？工作过程中要注意什么？小组成员之间应如何配合？出现问题应如何处理？

2. 学习检验

引导问题

（1）请简要写出你们小组的计划。

引导问题

（2）你在制订计划的过程中承担了什么工作？有什么体会？

引导问题

（3）教师对小组的计划给出了什么修改建议？为什么？

(4)你认为计划中哪些地方比较难实施?为什么?你有什么想法?

(5)小组最终做出了什么决定?如何做出的?

引导、评价、更正与完善

在教师讲评引导的基础上,对本阶段的学习活动成果进行自我评价和小组评价(100分制),之后独立用红笔对本阶段引导问题的回答进行更正和完善。

项目	类别	分数	项目	类别	分数
个人自评分	关键能力		小组评分	关键能力	
	专业能力			专业能力	

(三)低腰牛仔裤样板制作与检验

1. 知识学习

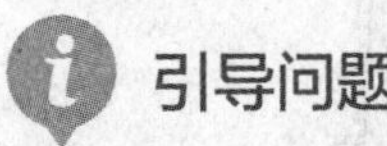

请在教师的指导下,依据表2-22提供的人体净尺寸,通过小组讨论,设定低腰牛仔裤的制版规格。

表2-22　　低腰牛仔裤制版规格设定表　　单位:cm

项目	裤长	净腰围	净臀围	直裆深	脚口	腰宽
人体净尺寸	—	68	90	22	—	—
制版规格	104				42	3

2. 实践操作

请参照图 2-28 至图 2-31，在教师的指导下，采用重叠制图法，在女西裤结构制图的基础上，独立完成低腰牛仔裤的结构制图，然后通过小组讨论，回答下列问题。

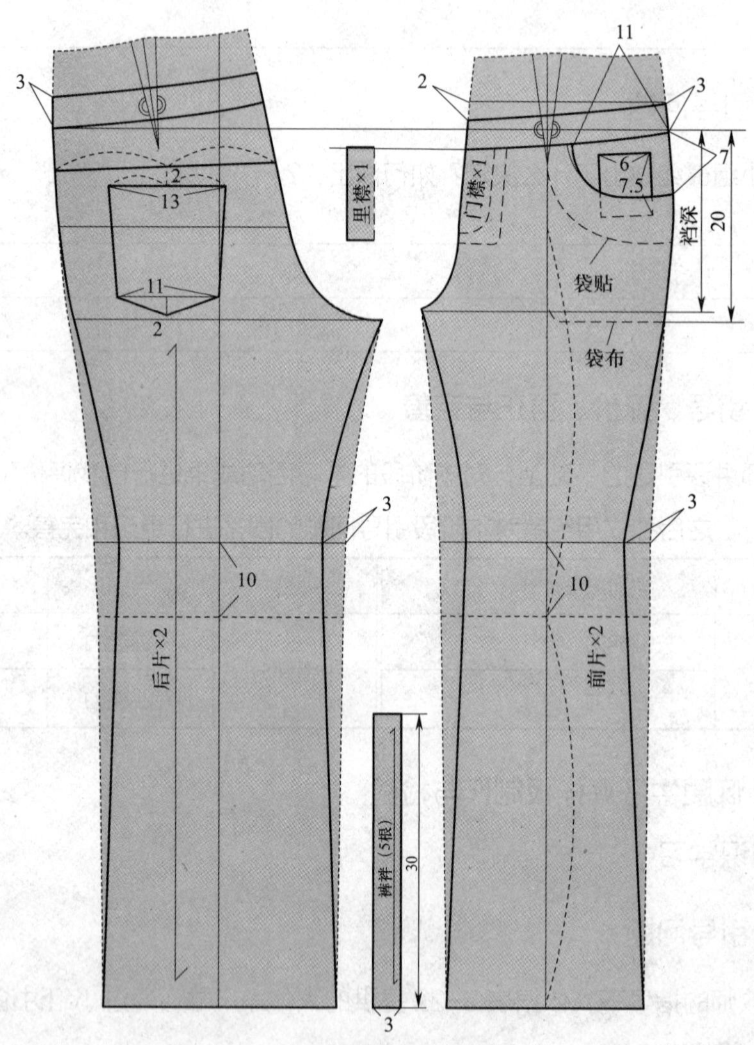

图 2-28　低腰牛仔裤结构图

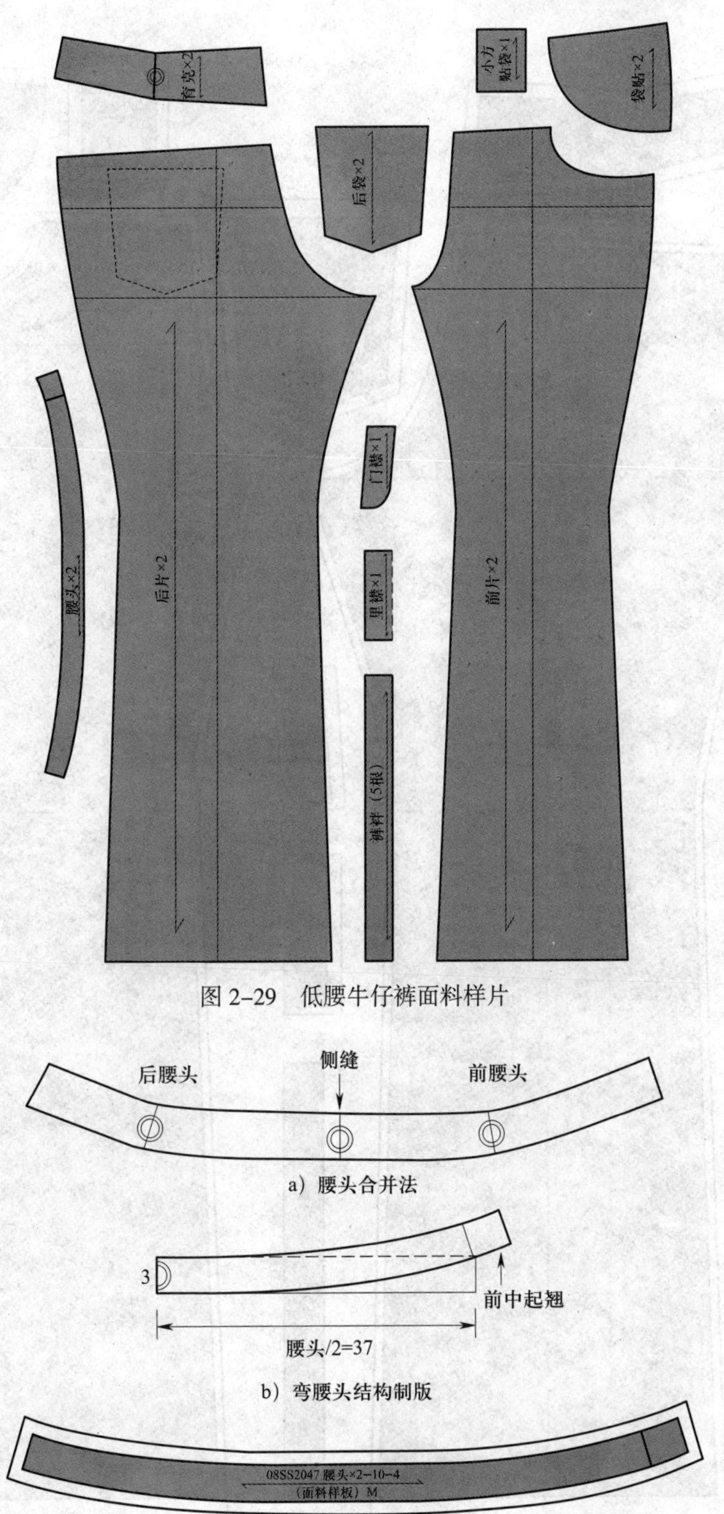

图 2-29　低腰牛仔裤面料样片

a）腰头合并法

b）弯腰头结构制版

c）弯腰头面料样板

图 2-30　弯腰头制版

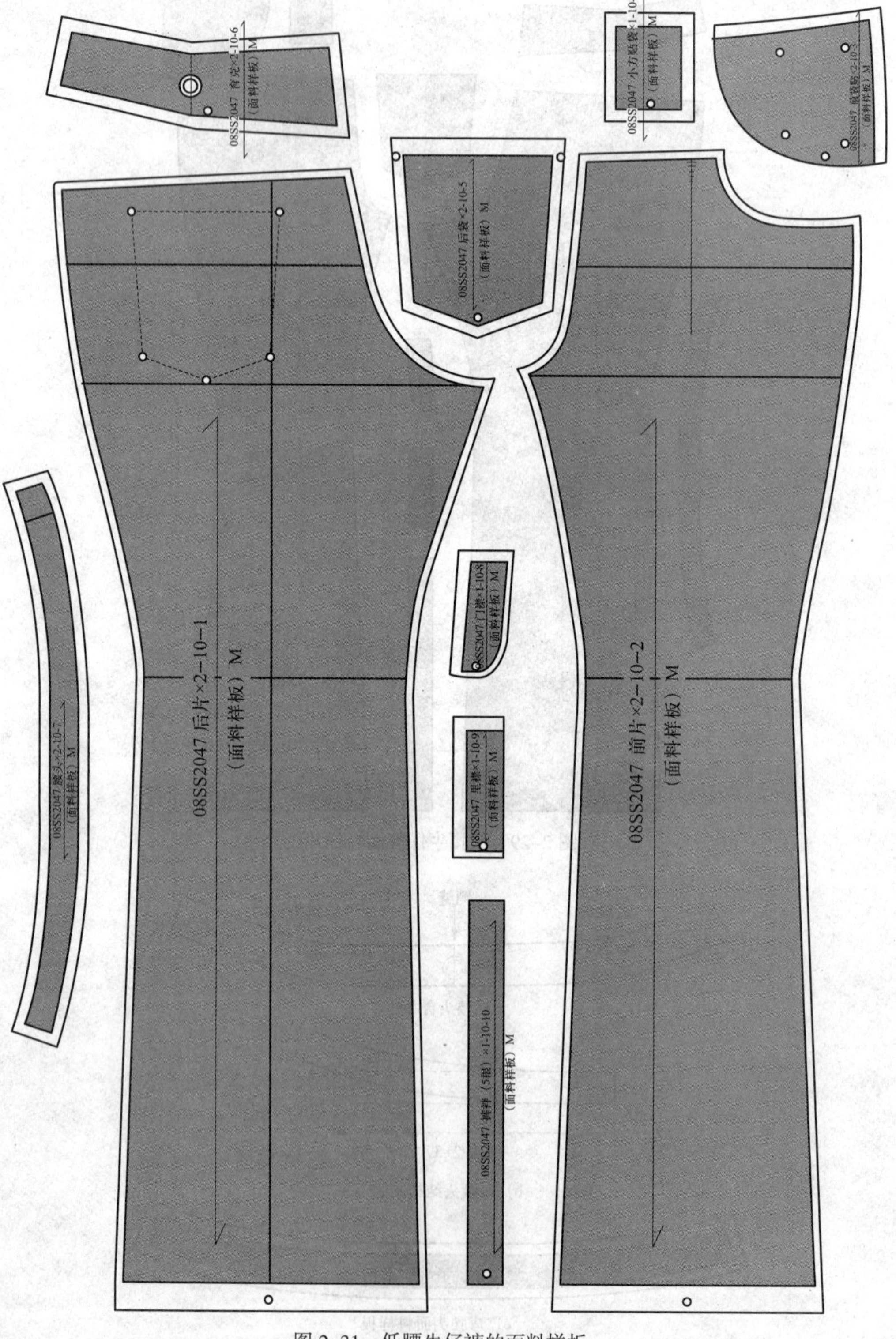

图 2-31　低腰牛仔裤的面料样板

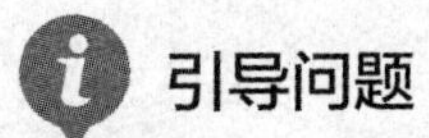

引导问题

（1）根据表 2-1 和表 2-19，说一说女西裤与低腰牛仔裤的区别。

引导问题

（2）低腰牛仔裤制作需选用弯腰头，但弯腰头与直腰头相比更耗料，制作工艺难度也更大，为什么还需选用弯腰头？

引导问题

（3）制作低腰牛仔裤时，可以在裤身上直接画出腰头，再把腰省合并，形成弯腰头。还有更便捷的制作弯腰头的方法吗？请简要叙述。

引导问题

（4）请根据图 2-30 所示的方法完成弯腰头的制版，这种制版方法是否与上一题中你想到的方法一致？

引导问题

（5）后片的落裆量是多少？它是否可变？变化的依据是什么？设计落裆有什么作用？

引导问题

（6）育克合并省量的原因是什么？

引导问题

（7）图 2-28 中前片的省尖该如何合并？与前弯插袋有什么关系？

引导问题

（8）为什么前弯插袋袋贴一定要加放重叠量呢？

引导问题

（9）在图 2-29 中，里襟比门襟长 1 cm 左右，这样设计的目的是什么？

3. 学习检验

请同学们在教师的指导下，独立完成低腰牛仔裤的样板提取、标注和检验，然后通过小组讨论，回答下列问题。

引导问题

（1）低腰牛仔裤所有样板的具体加缝情况如下：面料样板基本缝份为 1 cm，其中前片、后片脚口缝份为 2.5 cm，小方贴袋袋口缝份为 1.5 cm，弯插袋袋贴弯边不加缝份，裤袢不加缝份，门襟片和里襟片在底部加 0.5 cm 缝份。

请对照加缝情况介绍，在图 2-31 中标出各边缝份的宽度。

引导问题

（2）为什么小方贴袋袋口缝份为 1.5 cm？

引导问题

（3）为什么门襟衬、里襟衬、腰头衬没有加缝份？

引导问题

（4）在后片后中和脚口位置、前片袋口和脚口位置进行缝份翻折处理的目的是什么？

引导问题

（5）在图 2-29 所示的样片和图 2-31 所示的样板上，还应该标注哪些项目？

引导问题

（6）要完成低腰牛仔裤的制作，应准备哪几套样板？每套样板各有多少块？

 训练

（7）请在教师的指导下，对照表 2-19，独立完成低腰牛仔裤样衣的成品尺寸测量，对照测量结果，调整低腰牛仔裤结构图和样板，并做好相关记录，然后通过小组讨论，回答下列问题。

① 在低腰牛仔裤样衣成品尺寸测量的基础上，完成表 2-23 的填写。

表 2-23　　低腰牛仔裤样衣成品尺寸测量记录表　　单位：cm

项目	裤长	腰围	臀围	裆深	脚口	腰宽
成品规格	104	74	96	19	42	3
测量尺寸						

② 样衣裤长符合成品规格，但内侧缝长少了 1 cm，该如何处理？

③ 样衣前浪、后浪符合成品规格，但横裆大了 0.5 cm，该如何处理？

引导、评价、更正与完善

在教师讲评引导的基础上，对本阶段的学习活动成果进行自我评价和小组评价（100 分制），之后独立用红笔对本阶段引导问题的回答进行更正和完善。

项目	类别	分数	项目	类别	分数
个人自评分	关键能力		小组评分	关键能力	
	专业能力			专业能力	

（四）成果展示与评价反馈

1. 知识学习

学习展示的基本方法、评价的标准和方法。

2. 技能训练

在教师的指导下，以小组为单位，展示已完成的低腰牛仔裤样板成品。

3. 学习检验

引导问题

（1）样板制作完成后，要对样板的质量进行检验，检验项目如下：

① 裁片的规格尺寸是否准确无误。

② 各部位的线条是否圆顺、流畅，相关结构线的大小、形状是否吻合。

③ 样板的标记是否有错漏，丝绺标记是否有遗缺，文字说明是否准确。

④ 样板的数量（片数）是否正确，各种部件是否齐全。

⑤ 样板的整体结构、各部位的比例关系是否符合款式要求。

引导问题

（2）在教师的指导下，在小组内进行作品展示，然后经小组讨论，推选出一组最佳作品，进行全班展示与评价，并由组长简要介绍推选的理由，小组其他成员做补充并记录。

小组最佳作品制作人：____________________

推选理由：____

____

其他小组评价意见：____________________________________

____

教师评价意见：____

____

引导问题

（3）将本次学习活动中出现的问题及其产生的原因和解决的办法填写在表 2-24 中。

表 2-24　　问题分析表

出现的问题	产生的原因	解决的办法

自我评价

（4）将本次学习活动中自己最满意的地方和最不满意的地方各写两点，并简要说明原因。

最满意的地方：________________

最不满意的地方：________________

引导问题

（5）请同学们在教师的指导下，对本次学习活动进行综合评价，将相应的分值填在表 2-25 中。

表 2-25　　学习活动考核评价表

学习活动名称：低腰牛仔裤样板制作

班级：　　学号：　　姓名：　　指导教师：

评价项目	评价标准	评价依据	评价方式			权重	得分小计	总分
			自我评价	小组评价	教师评价			
			10%	20%	70%			
关键能力	1. 能穿戴劳保用品，执行安全生产操作规程 2. 能参与小组讨论，进行相互交流与评价 3. 能积极主动、勤学好问 4. 能清晰、准确表达 5. 能清扫场地，清理工作台，归置物品	1. 课堂表现 2. 工作页填写				40%		

续表

<table>
<tr><th rowspan="3">评价项目</th><th rowspan="3">评价标准</th><th rowspan="3">评价依据</th><th colspan="3">评价方式</th><th rowspan="3">权重</th><th rowspan="3">得分小计</th><th rowspan="3">总分</th></tr>
<tr><th>自我评价</th><th>小组评价</th><th>教师评价</th></tr>
<tr><th>10%</th><th>20%</th><th>70%</th></tr>
<tr><td>专业能力</td><td>1. 能设定低腰牛仔裤制版规格
2. 能制订低腰牛仔裤样板制作计划，准备相关制图工具与材料，完成低腰牛仔裤结构制图
3. 能正确拷贝轮廓线，依据低腰牛仔裤款式特点和制作工艺要求，准确放缝，制作全套样板
4. 能按照样板制作技术规范，完成样板编号、标注、打孔、分类等工作
5. 能记录低腰牛仔裤样板制作过程中的疑难点，并在教师的指导下，通过小组讨论或独立思考、实践解决</td><td>1. 课堂表现
2. 工作页填写
3. 提交的低腰牛仔裤结构图
4. 提交的低腰牛仔裤样板</td><td></td><td></td><td></td><td>60%</td><td></td><td></td></tr>
<tr><td>指导教师综合评价</td><td colspan="8">指导教师签名：　　　　　　　　　　日期：</td></tr>
</table>

三、学习拓展

说明：本阶段学习拓展建议课时为 6 课时，要求学生在课后独立完成。教师可根据本校的教学需要和学生的实际情况，选择部分或全部内容进行实践，也可另行选择相关拓展内容，亦可不实施本学习拓展，将其所需课时用于学习过程阶段实践内容的强化。

拓展

请描述图 2-32 所示男式休闲裤的款式特征，并参照表 2-26，独立完成该款男式休闲裤的结构制图和样板制作。

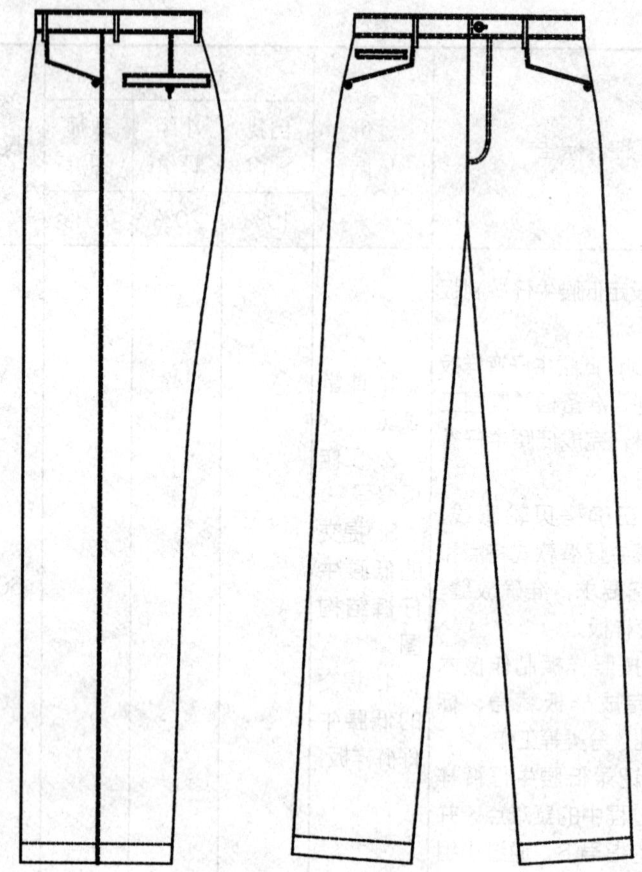

图 2–32　男式休闲裤款式图

表 2–26　男式休闲裤成品规格表　单位：cm

号型	裤长	腰围	臀围	裆深	脚口
170/74A	102	80	100	23	42